于海姣 著

空间功能
生态系统服务的
机理

九州出版社
JIUZHOUPRESS

图书在版编目（CIP）数据

城市空间功能与水生态系统服务的影响机理 / 于海

姣著 . -- 北京：九州出版社，2024. 7.

ISBN 978-7-5225-3167-0

Ⅰ . X321.2

中国国家版本馆 CIP 数据核字第 20249VG388 号

城市空间功能与水生态系统服务的影响机理

作　　者	于海姣　著
出版发行	九州出版社
地　　址	北京市西城区阜外大街甲 35 号 (100037)
发行电话	(010)68992190/3/5/6
网　　址	www.jiuzhoupress.com
电子信箱	jiuzhou@jiuzhoupress.com
印　　刷	河北赛文印刷有限公司
开　　本	710 毫米 × 1000 毫米　　　16 开
印　　张	12.25
字　　数	150 千字
版　　次	2024 年 7 月第 1 版
印　　次	2024 年 7 月第 1 次印刷
书　　号	ISBN 978-7-5225-3167-0
定　　价	58.00 元

引言

随着我国快速城镇化、经济社会快速发展，人类活动对生态系统结构、过程与功能的影响程度不断加深，国土空间特别是城市空间的功能遭到破坏，并威胁到其提供生命支持和人类福祉的能力。作为生态系统服务的主要来源，生态空间是实现区域可持续发展的重要基础。北京作为首都，长期以来面临着严峻的水资源、水生态和水环境考验，水资源总量不足、城市内涝等问题显著。结合最新的城市战略定位，水生态系统服务功能恢复与提升成为保障北京城市竞争力的关键。在当前国土空间布局优化背景下，揭示城市空间功能与生态空间演变及其对水生态系统服务的影响机理，提出相应调控对策，对提升水生态系统服务、促进城市绿色转型发展，具有重要意义。

本书从"三生"空间（生产、生活和生态空间）的视角展开分析，"三生"空间构成了不同尺度国土空间调整的主体要素，其科学规划和协调布局是国土空间优化调整的基本目标。因此，本书分析"三生"空间的时空动态特征，揭示"三生"空间的演变机制。在当前的国土空间规划体系中，"三生"空间中的生态空间是生态系统服务的主要来源，生态空间的准确识别及动态分析对于生态系统功能的发挥具有重要的意义。考虑到水对北京的重要意义，本书从水生态系统服务的角度探讨生态空间对水生态系统服务的影响机理；鉴于水生态系统服务内涵的广泛性，基于北京实际选取水供给及水调节服务作为水生态系统服务关键指数。在上述分析的基础上，基于《北京城市总体规划（2016—2035年）》对城市生态空间的演变进行模拟，基于规划情景及水文年情景，通过进一步分析生态空间变化对区域关键水生态系统服务的影响及规划情景下水生态系统服务对不同水文年的响应，揭示水生态系统服务的调控机理，并提出相应的调控对策。

本书在系统文献梳理的基础上，基于城市空间演变、生态空间概念界定及识别方法研究、水生态系统服务理论与实证分析，构建了城市空间功能与水生态系统服务影响机理的理论分析框架。城市区域（如北运河典型流域）受剧烈的城市化进程的影响，城市空间格局受到影响，生态空间受到挤占，生态系统服务（如水生态系统服务）供应能力受到威胁。在生态空间概念界定与识别方法探讨基础上，采用模型模拟等多种方法相结合，探析了城市生态空间演变及其对水生态系统服务的影响机理，发现生态空间演变的水生态系统服务作用明显，尤其是对水供给和水调节服务等关键指数影响显著，且具有复杂性。生态空间的存在使地表径流减少，地下径流和侧向流增加，进一步导致整个流域出口总产水量的减少，使得地表水的供给服务减弱。相比之下，生态空间的水调节服务由于受到生态空间本身（生态系统）吸收、蒸腾等作用的影响在水调节量，对地下水补给、径流调节的影响及储水释水潜力等方面表现出了多样化的特征。2035 年，北运河流域生态空间面积增加，分布更加集中，"三生"空间的异质性降低，连通性增加。水供给服务随着降水增加而增强，水调节服务则表现出明显时空分异特征。最后，结合北京市实践，探讨了水生态系统服务调控机制问题，提出了"逐步恢复水供给功能、多角度协同提升水调节服务、增加中心城区生态空间规模、通过分区控制加强流域综合治理等"旨在促进水生态系统服务提升的调控对策。本研究成果得到国家自然科学基金"胶东半岛丘陵区典型流域生态系统水文调节服务影响机理及调控机制（42301361）"的支持。

由于知识、时间所限，书中错误、缺失与疏漏之处在所难免，敬请读者批评指正。

目录
CONTENT

第一章

绪　论

第一节　研究背景及意义

一、研究背景

国土空间是经济社会发展的物质载体，是人类生存发展的依托（金贵等，2013）。随着经济社会的快速发展，人类活动对国土空间影响的程度逐渐加深，尤其是人口高度密集、生产高度集中的城市地区，一方面是生态空间侵占严重，生态功能退化；一方面是景观破碎化程度增加，国土空间的格局遭到破坏。

生产、生活和生态空间（以下称"三生"空间）构成了城市空间的基本功能单元，"三生"空间的格局、相互作用和反馈机制影响着城市复合生态系统的动态。其中，生态空间是以提供生态产品或生态服务为主导功能的国土空间。作为城市生态系统服务的主要来源，生态空间的品质在很大程度上决定着城市人居环境质量和经济社会价值（Bolund et al.，1999；Douglas et al.，2017；Zepp et al.，2020；Sikorska et al.，2020）。但是，生态空间的侵占使得生态系统的结构发生变化，导致生态系统物质循环、能量流动、信息传递等过程发生改变，进而影响到其提供生命支持（如淡水供给、食物供给）和福利（如水调节、气候调节、水土保持、生物多样性）的能力。

促进人与自然的协调统一，实现可持续发展始终是人类发展过程中面临的核心问题。从全球范围来看，联合国《2021—2030 年生态系统修复十年计划》提出要重点解决全球湿地和水生生态系统的严重退化问题，明确了2030年$3.5 \times 10^8 \text{ hm}^2$退化生态系统的修复目标。[1] 目前我国主要从国土空间角度通过国土空间格局的优化调整推进生态修复，促进生产、生活及生态功能的协调共赢。2011年发布《全国主体功能区规划》，推进形成全面协调的国土空间开发格局；[2] 2012年，党的十八大报告指出，通过国土空间开发格局优化等方式推进生态文明建设，从源头扭转生态环境恶化的趋势；[3] 党的十九大报告中提出，要实施国土空间用途管制和生态保护修复，构建国土空间开发保护制度，统筹山水林田湖草，加快生态文明体制改革；[4] 2019年的《关于建立国土空间规划体系并监督实施的若干意见》提出，建立"多规（主体功能区规划、土地利用规划、城乡规划等）合一"的国土空间规划体系，将"三生"空间的科学布局视为推进生态文明和美丽中国建设的关键举措。[5] 国土空间视角的生态要素修复本质在于人地冲突的修复及人地关系的协同，从源头上恢复退化的生态系统或受损的生态系统结构、过程与功能，提升人类生态福祉（曹宇等，2019；白中科等，2019；蔡海生等，2020；陈美球等，2020）。从传统的点状生态要素修复到基于国土空间的系统认知和全面统筹，从单一目标线性修复到多目标非

---

[1] United Nations. United Nations decade on ecosystem restoration (2021-2030), A/RES/73/284[R].2019.

[2] 国务院办公厅.国务院关于印发全国主体功能区规划的通知（国发〔2010〕46号）[EB/OL]. [2020-10-23]. http://www.gov.cn/zhengce/content/2011-06/08/content_1441.htm.

[3] 胡锦涛.坚定不移沿着中国特色社会主义道路前进为全面建成小康社会而奋斗-在中国共产党第十八次全国代表大会上的报告[EB/OL]. [2020-10-23]. http://cpc.people.com.cn/18/n/2012/1109/c350821-19529916.html.

[4] 习近平.决胜全面建成小康社会夺取新时代中国特色社会主义伟大胜利 - 在中国共产党第十九次全国代表大会上的报告[EB/OL]. [2020-4-15]. http://www.gov.cn/zhuanti/2017-10/27/content_5234876.htm.

[5] 国务院.中共中央国务院关于建立国土空间规划体系并监督实施的若干意见[EB/OL]. [2020-4-10]. http://www.gov.cn/zhengce/2019-05/23/content_5394187.htm.

线性综合协同，从末端修复、结构调控到源头治理、过程耦合、空间集成，国土空间生态修复在思路、方式等方面均发生了根本性转变（彭建等，2020；张建军等，2020）。

促进生态系统服务提升是当前我国国土空间生态修复的重要目标。生态系统服务作为连接自然生态系统和人类社会系统的桥梁，是人类赖以生存的基础（Costanza et al.，1997）。尤其是与水相关的生态系统服务（水生态系统服务），对自然环境和人类福祉具有保障作用，在可持续发展领域的重要性和价值逐渐凸显（Romulo et al.，2018）。如生产、生活及农业灌溉中的水供给服务就是区域水资源得以保障和持续的基础（Ghimire et al.，2019）。然而，城市空间格局转换不可避免地使水生态系统服务价值和与其他生态系统服务的相互关系发生变化，从而影响到人类的生存与发展（Zijp et al.，2017；Hao et al.，2019）。因此，在当前国土空间布局调整优化的背景下，分析国土空间功能对生态系统结构、过程及功能的影响具有重要的意义，有助于水生态系统服务的恢复与提升。

二、研究意义

北京长期以来面临着严峻的水资源紧缺及水环境、水生态恶化形势，水资源总量不足、城市内涝、地下水位下降、水污染等问题突出，制约了城市的可持续发展（Jia et al.，2017；梁缘毅等，2019）。这些问题的出现固然有自然条件的原因，但不可否认人类活动对下垫面条件的改变，其中便包括城市空间变化（如生态空间转为生活空间）对水循环过程的改变。

事实上，历史上北京曾持续了长期的盛水景观，特别是平原地区由于地势低洼，河、湖、泉、井众多，坑塘湿地纵横，水量充沛。因此，千百年来北京城的选址、规划、建设和发展都是由水所决定，因水而建,因水而兴。但随着后续城市发展（如元大都）及城市化进程的开展，北京的地表水系逐渐消失，水资源供需矛盾逐渐突出。这些变化使得水生态系统服务受到影响，反过来也在不同程度上影响到区域水资源的数量与质量（Defries et al., 2004；Sharifi et al., 2017）。可以说，北京城市的发展过程中伴随着水生态系统服务没落的过程。当前北京水资源紧缺、水生态恶化的形势依然严峻，水资源总量不足及降水集中导致的城市洪涝问题依然突出，亟须从城市空间布局调整这一源头出发，从生态系统服务的角度系统综合考虑北京的水问题。

在当前全球水资源短缺的背景下，水无疑成为未来世界城市竞争的制高点（Arnell, 1999；Iglesias et al., 2008；Marris, 2016）。尤其对北京市而言，结合其作为我国政治、文化、国际交往及科技创新中心的战略定位，促进其水生态系统服务功能修复与提升，不仅是一项重大需求，也是政策制定者亟须解决的关键问题。基于上述考虑，本书以北京市为例分析其城市空间功能与水生态系统服务的影响机理，不仅有助于认识城市水问题的产生机理，为城市优化管理提供科学依据，而且对提高城市竞争力，促进绿色发展转型，实现区域可持续发展具有重要意义。

第二节　国内外研究进展

一、城市空间演变及模拟

（一）城市空间演变

城市空间的演化特征及驱动机制分析对指导城市总体规划、保障城市可持续发展具有重要的意义（张远景等，2016）。城市空间的演变分析主要体现在组成变化和结构变化两方面。现有研究大多基于对"三生"空间内涵的理解，通过识别、提取"三生"空间来分析其格局与演化过程。如崔家兴等（2018）分析了湖北省"三生"空间格局和演化，发现生态空间的分布与生活及生产空间相反，且生态空间规模萎缩较明显；姚娜等（2015）将水体、林灌木草地及耕作物划分为生态空间，分析了北京平原地区生态空间的时空演变特征，结果发现北京平原区生态空间比例由 53.2% 下降到 40.97%，人均生态空间由 360.61 ㎡ 减少至 132.15 ㎡；徐毅等（2016）的研究表明在经济社会驱动力与生态系统约束力的双重影响下，20 世纪 80 年代以来上海市生态空间表现为内增外减与总体减损的趋势，具有失衡演化的特征；Dallimer et al.（2011）在英国选取了 13 个高度城市化地区，分析了城市绿色空间格局的驱动机制，结果发现 1991—2001 年间有 12 个城市实现绿色空间净增长，但后期有 9 个城市绿色空间面积有所下降，深入分析发现国家层面规划政策的实施是主要原因。

城市空间格局方面，有学者引入景观格局指数分析城市空间的组成及结构变化特征。如陈钱钱等（2020）应用景观生态学中的计量模型计算出的空间格局指数分析了"三生"空间的分布特征，结果发现江西省"三生"空间结构不协调；刘顺鑫等（2020）分析了重庆市万州区"三生"空间的景观生态安全时空变化和耦合协调特征，结果发现研究区以林地生态空间为主，城镇生活空间迅速扩张，农业生产空间缩减较多；廖雨等（2020）的分析表明河南省林州市中心城区是生境退化程度最高的区域，市域范围内生活空间的扩张使得生态空间斑块破碎化程度加大，景观连通性减弱；Byomkesh et al.（2012）的分析结果显示农村人口大量迁入导致的城市人口急剧膨胀使得孟加拉国 Greater Dhaka 地区的绿色空间迅速消失，绿色空间的景观离散化、破碎化增加，加剧了生态条件的恶化。

（二）模拟

目前基于未来土地利用模拟模型（Future Land Use Simulation

model，FLUS）、元胞自动机（Cellular Automata，CA）、马尔可夫链（Markov）、CLUE-S（Conversion of Land Use and its Effects at Small Region Extent）、MCDM（Multi-Criteria Decision-Making）等模型或方法结合区域发展特点对未来土地利用模式进行模拟预测是最通用的实现方式。如 Liu et al.（2021）就通过设置不同情景对许昌市 2030 年的土地利用进行了预测，结果发现 2030 年以生态服务功能为导向的土地利用情景最能有效缓解城市热岛效应；Tang et al.（2020）基于 CA-Markov 模型和 CLUE-S 模型预测了昌黎县 2028 年的土地利用，结果表明 2004—2028 年居民用地和交通用地面积的持续增加会导致区域生境质量严重下降；Rafaai et al.（2020）基于多层感知器（Multi-layer Perceptron，MLP）和马尔可夫链预测了马来西亚彭亨州 Tasek Bera 地区 2028 年的土地利用变化情景，结果表明部分区域森林会由于转为商业和农业用地而大大减少；如果不采取适当行动，未来的森林损失率将增加，并使生物多样性处于危险之中。城市空间演化模拟的根本在于确保合理的土地利用结构，而土地利用结构也是众多生态系统服务（如淡水供给等）的重要影响因素之一，基于如生态保护、建设用地持续扩张等情景的研究结果可帮助管理者在不同土地利用组合中得出最优土地利用布局方案（Arjomandi et al.，2021）。但事实上，由于区域复合生态系统的复杂性，土地利用的转化受到诸多因素如土地转换成本、区域生态网络的构建、不同群体的利益需求等的影响，基于模型的土地利用模拟往往难以同时考虑这些因素的影响。理想情况下，当水文模型用于土地利用变化的影响评估时，应通过与土地利用变化后的情景进行比较来验证（Hurkmans et al.，2009），因此，情景模拟通过捕捉社会生态系统的动态，评估未来发展的不确定性，研究结果可用于辅助决策（Jie et al.，2016）。

二、生态空间的内涵与识别

对生态空间内涵的不同认识决定了其划定与识别结果具有差异性。目前国际上常用绿色空间（green space）来表征生态空间，并将那些在城市范围中的绿色空间称为城市绿色空间（urban green space，UGS）（Jim et al.，2006）。城市绿色空间是城市生态系统的重要组成部分，在提升城市环境质量（Gómez et al.，2001）、维持生物多样性（Savard et al.，2000；Schwarz et al.，2017）、休闲娱乐（Bertram et al.，2015；Cortinovis et al.，2018）等方面均发挥着不可替代的作用，能够为城市居民提供为数不多的能与自然互动的机会。基于对这种内涵的不同理解，学者确定了不同的绿色空间定义。从这点来看，城市绿色空间的范围非常广，从行道树和灌木到各类公园、自然保护区、林地和植物园都有涉及（Schipperijn et al.，2010；Hunter et al.，2015；Kabisch et al.，2016）。可以说，绿色空间包含了城市中能够亲近自然的所有元素，如绿道、绿色屋顶、绿墙、公园、湿地等（Erica et al.，2007；Zhang et al.，2020）。因此，有研究根据绿色空间的大小、空间结构及与住宅区的相对位置,将其分为绿环(green rings)、绿带(green belts)、绿楔(green wedges)、绿岛（green islands）等（Taylor et al.，2017）。还有研究将绿色屋顶、绿墙和绿道称为小块绿色空间，如 Zhang et al.（2020）就研究了公众对于这些小块绿色空间的感知和偏好，发现有 80% 的受访者愿意为这些小块绿色空间的使用和维护付费。哥本哈根通过建造绿色屋顶、绿墙、小型绿道等方式为市民提供短暂休憩的场所，并制订了"口袋公园计划"，规定这些小块绿色空间的最大面积不能超过 5000 m^2，并且这些小块绿色空间必须有植被、与建筑物或道路相邻、有醒目的入口标识及边界。此外，Rupprecht et al.（2014）还将那些既没有被政府纳入整体规划也没有被任何官方或个人私有的绿色空间称为"非正式绿色空间"（informal green space，IGS），并将其定义为一个明确的社会生态实体，而不仅仅与文化或生物活动相关。在这种定义下，非正式绿色空间包括任何被人为强烈干扰过的、有植被覆盖的城市空间，如街道和铁路旁的小绿地、空地、河畔等。Sikorska et al.（2020）的研究也表明可以通过增加如农用地、公路和铁路旁的小绿地及多户住宅的方式来缓解正式绿色空间（如城市中的公园、广场和森林等）不足的问题。

国外对绿色空间的理解具有鲜明的学科特点，如在农学、城市环境学和建筑学中，常将绿色空间称为绿色基础设施（green infrastructure），指那些有一定植被覆盖的开阔地、未利用地等，与由道路、建筑物等组成的灰色基础设施相对（Swanwick et al.，2003）。该定义涉及的范围非常广，包括了城市公园和花园、运动场、自然带、绿色屋顶、家庭花园、医院和大学等机构的场地、墓地、城市农业（如城镇居民可以租来种菜的小块土地、农场）和自然保护区等（Hunter et al.，2015）。绿色基础设施能够起到提升土地价值和生活品质、提高公众健康水平、减轻灾害等作用。在其他学科中，绿色空间（green space）仍是最常用的，如在生态学中，公园、未利用地、植被和水体常被视作绿色空间（Hunter et al.，2015）。在城市规划中，则将那些提供生态系统服务功能的、公众可及的、有植被覆盖的土地、开阔地或森林称为绿色空间（Tavernia et al.，2009；Yokohari et al.，2011）。

在考虑制图便利的情况下，绿色空间的可视化可通过土地利用/覆被分类来实现。如土地利用/覆被中的林地、近自然区域、公园、运动场和农业用地可视作绿色空间（Kabisch et al.，2013）；而更广义上的绿色空间的定义会将河流、湖泊、海岸带等的蓝色空间纳入，但这类研究并不多见（European Union，2013；Mireia et al.，2015）。并且不同地区土地利用/覆被分类体系的差异，以及数据集因分类标准

不同而无法通用，导致不同地区绿色空间的对比分析与评价更加困难
（Feltynowski et al.，2017）。因此在国外现有的研究工作中，利用土地
利用 / 覆被对绿色空间分类的研究并不多见。此外，国外对绿色空间的
研究还引申到公众健康（Collins et al.，2020）、可获得性（Zepp et al.，
2020）、社会不公平（Sikorska et al.，2020）、贫富差距（Pearsall et al.，
2020）等社会问题方面。综合国外对绿色空间的进展发现其研究大多
细致且微观，但目前对绿色空间还未形成标准化的通用定义，现有定
义非常宽泛且复杂（Zepp et al.，2020）。对绿色空间的认识大多局限于
绿色植物占据的空间或能供公众休憩、娱乐的开阔场所，其范围从绿墙、
行道树到森林、自然保护区等均有涉及。

目前国内学术界对生态空间具内涵和划定标准的认识尚未统一（杨
浩等，2020）。学者对生态空间内涵的理解主要有三个角度。

一是生态功能角度。该观点基于土地利用主导功能认为，生态空
间是以提供生态功能为主的用地类型（张亮等，2019）。如李广东等
（2016）在综合考虑生态系统服务和景观功能的基础上，将林地、河流
水面、坑塘水面和裸地确定为生态空间；许尔琪等（2015）将具有关
键生态功能的区域和空间定义为核心生态空间；孔令桥等（2019）根
据生态系统服务功能重要性及生态敏感性划定了长江流域的生态空间；
谢花林等（2018）也是基于上述思路对鄱阳湖生态经济区的关键性生
态空间进行了辨识，并对其管控等级（底线型、危机型、缓冲型、非
关键型）进行了划分。从上述分析来看，基于生态系统服务功能和生
态系统敏感性评价来识别生态空间的做法与生态红线的划定方法基本
一致。[①] 但生态空间并不等于生态保护红线，生态空间的范围要大于生
态保护红线。

---

① 环境保护部办公厅,国家发展和改革委员会办公厅.关于印发《生态保护红线划定指南》
的通知，环办生态〔2017〕48 号 [R].2017.

二是生态要素角度，即将水、土壤、植被等自然要素占据的区域视作生态空间。从该角度认识生态空间更加强调其空间属性，认为区域即是空间。如王甫园等（2017）认为城市区域人工、半自然或自然的植被及水体均为生态单元，进而将绿地、森林、农用地、未利用地和水域等划定为城市生态空间；徐毅等（2016）基于该观点将城市中绿色生产者和非生物环境构成的自然或半自然地域空间视为城市生态空间；王如松等（2014）将城市生态空间定义为城市生态系统结构、代谢及功能占据的所有空间。还有研究从景观生态学角度出发，认为生态系统构成了景观及其组分，景观及其组分所占据的空间即为区域景观生态空间（赵景柱，1990）；进而延伸出基于尺度、空间格局和镶嵌动态的生态空间理论（肖笃宁等，1997）。

三是土地利用角度。生态空间识别、划定的最终实现依赖于土地利用数据，因此这部分的研究主要是将对生态空间内涵的理解落实到土地利用上，从土地利用分类中明确生态空间的范围。其中又分为三种观点。

其一是将生态空间直接定义为生态用地。如陈爽等（2008）就将生态用地（包括农用地中的林地和牧草地、水利建设用地中的水库水面以及全部未利用地）所在的空间范围视为生态空间；龚亚男等（2020）也将生态空间定义为生态用地，并进一步将其划分为绿色生态用地和水域生态用地。目前，国外研究中并未明确提及生态用地的名称，我国现有土地利用现状分类标准等相关文件中也未对生态用地的定义和范围加以明确和界定，但目前学术界对生态用地能够提供生态服务的这一性质认识一致（邓红兵等，2009）。

其二是将生态空间与土地利用现状分类国家标准相结合，通过现状土地利用分类确定生态空间。如吴清等（2020）基于乡镇土地利用现状构建了"三生"空间分类体系；于正松等（2020）界定了农村地区生态空间，包括村落外部的河漫滩、荒地等未利用地及部分农业生产空间；陈仙春等（2019）滇中城市群区域的林地、牧草、水域及其他用地确定为生态空间；廖李红等（2017）将生态空间划定为河流水面、湖泊水面、荒草地、沿海滩涂、沙地和裸地；刘继来等（2017）就将土地利用现状分类中各地类划分为生态用地、半生态用地和弱生态用地。通过上述分析可知，通过构建"三生"空间用地分类体系的识别简单明确且易于操作，虽实现了与土地利用分类的衔接，但没有统一的选取标准。

其三是通过构建评分矩阵识别出以生态功能为主的土地利用类型并将其划定为生态空间。该方法既能实现与用地标准的衔接，也兼顾了土地的主导功能，其提出及应用过程体现出国土空间主导功能逐渐被认可的过程。如陈楚等（2020）通过构建珠海市"三生"空间分类体系，将林地、草地、水库坑塘、滩地及未利用土地划分为生态空间；武爱彬（2019）基于"三生"功能评分矩阵分析了京津冀地区的"三生"空间格局。上述基于现状土地利用分类进行生态空间划分的做法依赖于土地利用分类标准或政策，如目前最新的相关政策文件就是《自然生态空间用途管制办法(试行)》，也有少量研究涉及。如黄心怡等（2020）就基于上述文件中有关自然生态空间的定义，提取具有自然属性的土地利用类型作为生态空间；李国煜等（2018）的研究也采用了这一定义，并基于结构组成和空间分异特征对自然生态空间做了进一步划分（森林、草地、荒地和湿地生态空间）。总体来看，"三生"功能评分矩阵虽也需要与现状土地利用分类相结合，但它在本质上与其他方法有所不同，它是基于对土地的多功能属性的认识以打分的方式识别出土地的主要功能进而实现对"三生"空间的划分。

目前国内也有研究从居民福祉角度识别生态空间，但这部分研究还不多见。如刘春芳等（2019）基于居民行为和诉求，分析了"三生"空间的识别与优化框架。从研究尺度来看，生态空间的研究涉及城市群（陈仙春等，2019）、省域（崔家兴等，2018）、市域（杨浩等，2020）、县域（柳冬青等，2018）、乡镇（于正松等，2020）、村庄（王成等，2018）、斑块（李晓青等，2019）等多尺度，如在李晓青等（2019）的研究中就将生态公益林、自然保留地和水域视作村域生态空间。

三、生态空间的演变机制

生态空间的演变机制分析对城市生态系统修复、城市规划与管理等具有重要意义。随着生态空间重视程度的加深，城市绿色空间格局的时空演变与情景模拟研究将会成为未来诸多领域的研究热点（成超男等，2020）。如王文静等（2020）的研究发现，受土地及人口城市化的影响，粤港澳大湾区自然生态系统面积下降的同时，斑块破碎度和分离度增加；董天等（2019）分析了鄂尔多斯市生态系统格局与质量演变机制，发现退耕还林、禁牧等措施对该市草地生态系统恢复起到了促进作用，而城市发展、矿产开发等对城市生态系统造成了较大压力；孟楠等（2018）的研究结果显示，填海造陆虽推动了澳门城市面积的快速增长，但使得区域景观生态压力增大，生态空间与其他空间的融合程度增加；孔令桥等（2018）的研究结果证明，城镇化和生态保护、恢复工程是导致2000—2015年长江流域生态系统景观破碎化程度增加的主要驱动力；黄硕等（2014）认为，正是人工硬化地面对自然植被景观的替代使生态系统"源""汇"的比例失调，导致如非点源污染、城市内涝等一系列水环境负效应的产生。

四、水生态系统服务

（一）水供给服务

淡水供给作为一种支持服务影响灌溉和饮用水等，对区域农业、生活和经济发展至关重要，供水总量将直接影响区域经济和生态系统的可持续发展（Sahin et al.，2015）。但随着全球人口的快速增长、城市化的快速发展和气候变化的影响，城市地区要想获取充足、高质量的水资源变得越来越困难（Brookshire et al.，1993；Susskind，2009；Vörösmarty et al.，2010）。

由于水量是描述区域水资源的重要参数，因此目前水供给服务评价的相关研究中常将产水量（water yield）作为其评价指标。目前学术界对生态系统服务中的产水量还没有明确定义，但普遍认为产水量是指降水在一定时期内直接有效供给能够被人们利用的地表水、土壤水和地下水的水量（Haverkamp et al.，2005），受到气候、土壤类型、植被状态及土地利用等因素综合作用的影响（Arnold et al.，1998）。一般来说，流域中截留的水越多，到达流域出口的水就越少。随着定量遥感和地理信息技术的发展，利用空间离散水文模型计算产水量的应用逐渐增多（Ayivi et al.，2018）。因此，目前对产水量的计算及解释大多基于所用的评价模型，将产水量视为从流域 / 子流域 / 水文响应单元 / 像元中流出的水量。如 InVEST（Integrated Valuation of Ecosystem Services and Trade-offs）模型中的产水模块依据水量平衡原理将每个像元中降水量与实际蒸散发量的差值定义为产水量，包括了地表径流、层间流和地下径流（Yang et al.，2021）；而 SWAT（Soil and Water Assessment Tool）模型对产水量的定义更加详细，指在模拟时间步长内从子流域 / 水文响应单元进入主河道的总水量，包括地表径流、侧向流和地下径流，但扣除了支流通过河床传输的水损失和池塘截留量（Tan et al.，2020）。

（二）水调节服务

目前学术界对于水调节（water regulation）服务也没有非常明确的定义，仅有少量水生态系统服务评估的研究中将水调节服务包含在内。

Vörösmarty et al.（2018）认为水调节服务通过提供饮用水（获取水资源）、粮食生产（获取食物）、环境卫生（获取健康）、文化习俗（参与文化环境或生活方式的权利）等服务与其他生态系统服务之间相互作用，保障社会自然复合系统的运行。Guo et al.（2000）提出了森林生态系统的水流调节（water flow regulation）服务。千年生态系统评估报告（Millennium Ecosystem Assessment，MEA）中对水调节服务的解释是"径流、洪水以及含水层补给的时间与强度常受到土地利用 / 覆被的强烈影响，而这种影响尤其包括系统储水潜力的改变"（MEA，2005）。[1] 由此可知，生态系统的水调节服务是指生态系统控制径流、缓解洪水、补给含水层的能力，同时也包括易受土地利用 / 覆被影响的系统储水潜力。有部分研究根据生态系统储水潜力（water storage potential）引申出水源涵养（water conservation）功能，进而将水源涵养功能作为水调节服务的一种，或将其直接作为水调节服务。如李波（2008）就认为森林涵养水源量包括了森林拦截降水量和森林增加地表有效水量两部分。[2] 在《生态保护红线划定指南》中，水源涵养功能的内涵得到了扩充，水源涵养功能被视为生态系统在缓和地表径流、地下水补给、滞洪补枯等方面的作用。[3] 由上述分析可知，水调节服务的内涵非常宽泛，这是因为生态系统不仅发挥涵养水源功能，还具有水质净化、调蓄径流、缓解洪水、补给含水层等功能，因此水调节服务可以体现生态系统对水文过程等的综合影响。

水调节服务计算方面，目前以水文学中的方法，如土壤蓄水能力

---

[1] Millennium Ecosystem Assessment. Ecosystems and human well-being: Synthesis[R]. Washington, DC: Island Press, 2005.

[2] 李波. 水资源保护与生态建设战略研究 – 以北京市平谷区为例[M]. 北京：北京师范大学出版社，2008.

[3] 环境保护部办公厅，国家发展和改革委员会办公厅. 关于印发《生态保护红线划定指南》的通知，环办生态〔2017〕48 号[R].2017.

法、综合蓄水能力法、林冠截留剩余量法、水量平衡法、降水储存量法、年径流量法、地下径流增长法等的应用较多。[①] 如夏瑞等（2019）基于流域分布式时变增益水文模型将有植被和无植被条件下径流量的差值作为生态系统的水文调节量；孙倩莹等（2019）则基于 SWAT 模型用实际生态系统与极度退化（裸露无植被）情景下潜在径流量的调节量表征生态系统水文调节服务；Wu et al.（2019）基于降水储存法计算了林地和草地生态系统的蓄水效应（林地、草地生态系统对比裸地生态系统）来衡量其涵养水分的功能。从生态系统角度来看，生态系统是由不同组分构成的整体系统，单纯用降水、土壤蓄水、地下径流等来评价整个生态系统的水调节功能并不全面，目前并没有较为成熟的水调节服务计算方法。

（三）定量评价

由于水生态系统服务定义非常宽泛，因此在评价时往往根据研究目的选取相应指标来进行具体评价（如用氮、磷等污染物负荷指标评价水质净化功能），目前以物质量评价居多，即通过将生态系统服务与提供服务的物质要素之间建立联系定量评价该物质要素的特征（如氮、磷等污染物负荷）（赵景柱等，2000）。

目前常用的评价方法主要有水量平衡法和模型模拟法。其中，水量平衡法基于区域输入水量与输出水量的差值来计算（周佳雯等，2018）。如龚诗涵等（2017）就基于该方法在区域尺度上评估了生态系统的水源涵养功能，发现我国水源涵养具有东南高西北低、由东到西递减的特征。水量平衡法的优点是可以从行政区尺度计算，从而更好地为管理服务，但该方法的假设前提是将区域水文过程概化，这就导致计算结果难以反映区域内部的差异性（张彪等，2008）。水文模型不仅可以反映流

---

① 杨金明.基于分布式水文模型的森林水源涵养功能评价－以新林流域为例[D]. 东北林业大学，2014.

域内部水生态系统服务的差异性，还可以进行不同流域间水生态系统服务之间的比较（Addor et al.，2020）。常用模型可分为传统水文模型，如SWAT，VIC（Variable Infiltration Capacity）模型等，以及专门用于评估生态系统服务的模型，如 InVEST，SWYM（Seasonal Water Yield Model）模型等。前者大多基于复杂的水文过程，需要操作者具有较强的专业知识；后者包含的综合算法较少，易于使用（Benra et al.，2021）。尽管每种模型在计算产水量时都存在一些不足，但它们在水生态系统服务评价、土地管理和水资源决策方面都发挥着重要作用。其中的 InVEST 模型不仅可以分析现状土地利用下的生态系统服务，还可通过预设土地利用情景模拟未来情景下的生态系统服务，该方法以其输入数据少、操作简便、空间表达能力强等优势得到了广泛应用，尤其适合数据不足地区的应用研究。如王保盛等（2020）基于该模型发现了土地利用主要从面积、变化方向、作用强度以及面积补偿四方面影响区域的水源涵养功能。基于 InVEST 模型的水源涵养功能评价结果，验证了该模型在黄土高原丘陵区的适用性，同时也发现该模型并未考虑到生态系统结构的复杂性和多样性，存在着评价精度不高的问题（刘宥延等，2020；吕乐婷等，2020）；并且基于 InVEST 模型的生态系统服务评价大多以年为单位，难以反映评价结果的年内变化特征（林峰等，2020）。

SWAT 模型作为分布式水文模型具有较强的物理机制，能够详细描述流域水文过程、土壤侵蚀及营养盐运移过程，定量评价土地利用/覆被和气候变化影响，是环境研究和土地利用规划的有力工具（Nguyen et al.，2019；Samimi et al.，2020；Abunada et al.，2021）。Lee et al.（2020）基于该模型，通过模拟流域的氮运移过程发现，滨岸缓冲带能够有效地降解有机氮负荷；Sirabahenda et al.（2020）基于 SWAT 模型的研究结果表明，随着河岸缓冲区的宽度从 15 m 增加到 100 m，泥沙截留率增加了 30.5%~36.2%。SWAT 模型虽在生态系统服务评价中的应用较少，但其模拟结果要比 InVEST 模型更准确（Dennedy-Frank et al.，2016）。并且 SWAT 模型可以实现水文响应单元尺度和日时间尺度上的生态系统服务功能评估，提供更详细的评估结果（Cong et al.，2020）。但 SWAT 模型由于需要大量的数据，在数据匮乏地区的应用会受到一定的限制（Vigerstol et al.，2011）。

五、综合评述

综合上述分析可以发现，国内外学者在城市空间演变及模拟、生态空间演变及识别、水生态系统服务评估等方面开展了大量的研究工作，城市空间演变机制及模拟预测方面的研究日益引起重视，对生态空间内涵的认识也随着相关政策的发展而不断深入，水生态系统服务评估内容和方法不断完善。但已有研究仍存在一定的不足：（1）对生态空间识别的研究还不够完善。目前国内和国外有关生态空间内涵的理解存在着很大的差异，国外的研究侧重人的感受，更加强调人对生态空间的需求；国内的研究更加突出生态空间所发挥的生态功能，并且随着研究者认识角度的差异，研究结果难以统一。（2）将情景模拟用于未来城市空间变化预测时，模拟结果的有效性往往无从验证。尤其对于北京而言，盲目地基于模型模拟城市空间未来的变化趋势，不仅使研究结果缺乏有效性，还易引起质疑。（3）目前系统分析城市生态空间变化对水生态系统服务影响的相关研究还较薄弱，基于 SWAT模型叠加未来发展情景定量评价北京市水生态系统服务的研究尚显不足。（4）生态系统水调节服务定量评价的相关研究较为缺乏。

第三节　研究方案

一、研究目标

基于城市空间演变、生态空间概念界定及识别方法研究，深入探析城市空间功能与水生态系统服务及关键指数的影响机理和调控机制，为城市优化管理提供科学依据。

二、研究内容

（一）城市空间的演变与生态空间的影响机制分析

生态空间、生产空间、生活空间是城市空间基本的功能分类单元，"三生"空间的格局及演变分析有助于城市空间布局的调整优化及生态系统功能的恢复与提升。本书基于土地的多功能属性，通过构建生产、生活、生态功能评分矩阵，选取北运河流域为案例区，识别出流域的生态空间、生活空间和生产空间，通过分析 1990—2019 年流域"三生"空间格局的时空变化特征，探讨"三生"空间的演变机制，研究结果可以为国土空间功能分类及优化提供基础。

（二）水生态系统服务的影响机理Ⅰ：关键指数模拟

水生态系统服务的提升，不仅是北京城市发展中面临的重大需求，也是保障其核心竞争力的关键。在水生态系统服务理论分析的基础上，以北运河流域为案例区进行实证分析，基于分布式水文模型 SWAT，选取水供给及生态空间的水调节作为关键水生态系统服务类型，通过对关键指数的模拟，分析生态空间对水生态系统服务的影响机理。

（三）生态系统服务影响机理Ⅱ：基于规划的情景模拟

基于《北京城市总体规划（2016—2035 年）》对 2035 年北运河流域城市生态空间的演变进行模拟，通过模拟北运河流域现状（2019 年）及规划情景（2035 年）在不同水文年的水文过程，对比流域产水量及生态空间水调节量的变化特征，分析生态空间变化对水生态系统服务的影响及水生态系统服务对不同水文年的响应，研究规划情景下流域水生态系统服务的演变特征。

（四）水生态系统服务的影响机理 III：综合分析及调控对策

水生态系统服务的影响机理分析是认识城市水问题、促进水生态系统服务功能恢复和提升的重要基础。根据第二章及第三章的研究内容，分别从关键指数模拟及基于规划的情景模拟两方面，分析生态空间的存在及规模变化对关键水生态系统服务——水供给和水调节的影响机理，结合规划情景下北运河流域水生态系统服务在不同水文年的变化特征，提出相应的调控对策，并根据北京城市建设、水务发展等相关实践工作分析上述调控对策的合理性与可行性。

三、研究方法

（一）基于随机森林算法的土地利用分类

作为地域空间的实体表现形式和核心主体，土地利用在一定程度上反映了人与自然间的相互作用关系（李广东等，2016）。本研究基于随机森林算法，对北京市 1987—2019 年共 8 期遥感影像进行分类，为城市空间演变及其对水生态系统服务的影响机理研究提供数据基础。该算法的详细介绍见第三章研究区数据部分。

（二）"三生"功能评分矩阵

通过构建评分矩阵以打分的方式实现对生态空间、生产空间和生活空间的识别与分析。"三生"功能评分矩阵基于对土地的多功能属性的认识，以打分的方式识别出土地的主要功能，进而实现对"三生"空间的划分。该矩阵的构建过程详见第四章。

（三）SWAT 模型

主要基于 SWAT 分布式水文模型，对北运河流域的水文过程进行模拟，基于模拟结果进一步分析关键水生态系统服务（主要是水供给和生态空间的水调节服务）指数的变化特征。SWAT 模型的详细构建过程见第五章。

四、技术路线

本文的技术路线如图 1-1 所示。

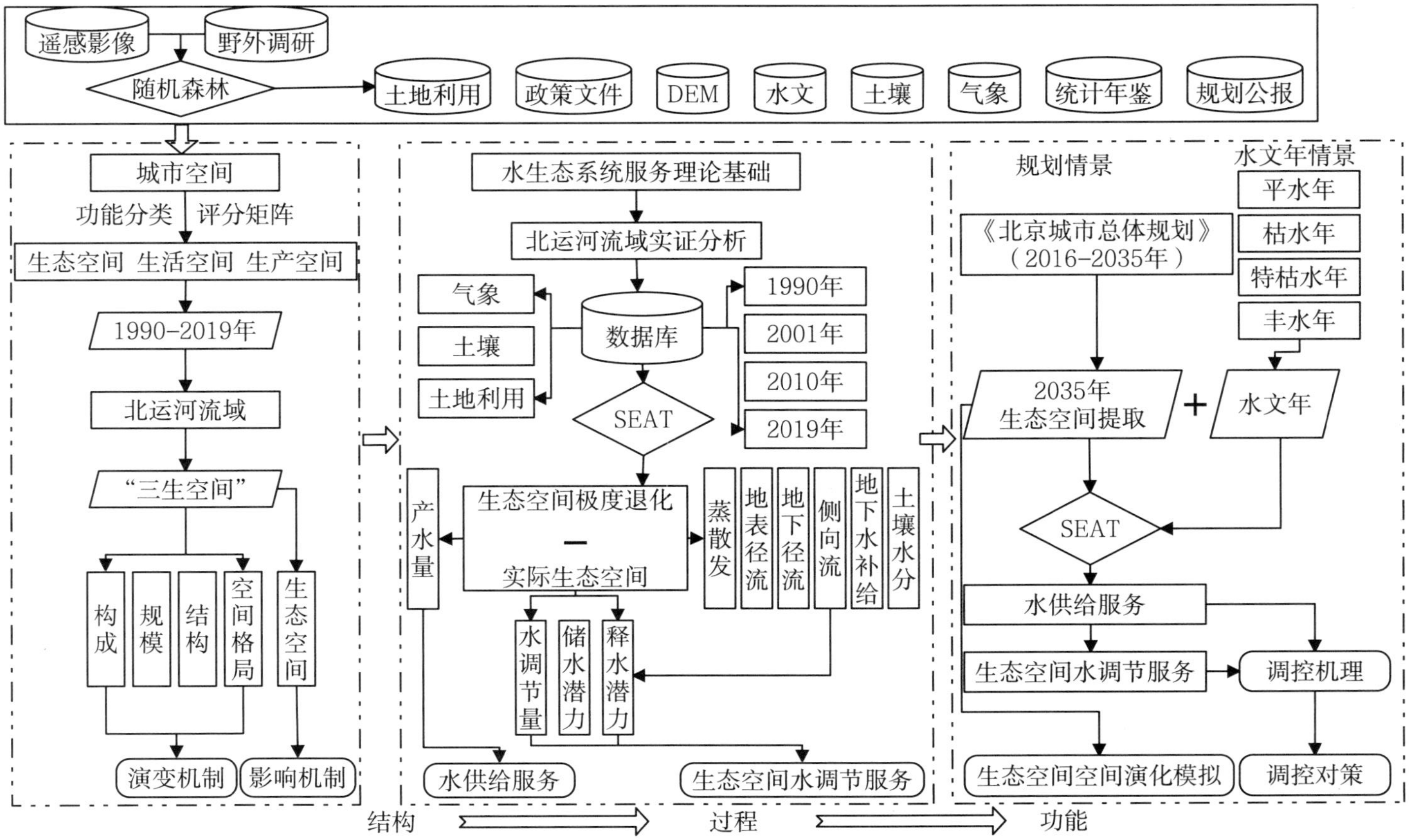

图 1-1　技术路线图

| 第二章 |
理论基础与分析框架

第一节　理论基础

一、景观生态学

景观生态学是研究景观空间结构及形态对生物和人类活动影响的科学。[①] 以地理学和生态学为基础，景观生态学是一门多学科交叉的新兴学科，景观的结构、功能和动态是其主要研究对象，斑块—廊道—基底的组合模式、异质性及空间格局、过程和尺度间的相互作用关系是其主要研究内容，人类活动对景观的生态影响是其研究重点（邬建国，2007；傅伯杰等，2011）。[②③]

景观生态学强调空间格局的形成机制、景观结构的演变及与生态学过程的相互关系，结构、功能、格局、过程之间的相互联系与反馈是景观生态学的基本命题。其中，结构指景观各组成单元本身的特征（如类型、数目等）及其空间特征；景观（空间）格局指各景观单元的空间分布与组合特征；景观的功能指景观结构与物质循环、能量流动、群落演替等过程的相互作用；过程指生态系统内部或生态系统之间物质、能量、信息等流动、传递及迁移转化过程中所表现出来的动态特征。景观结构、过程、功能之间是相互影响的关系，一方面结构会影响功能的发挥，功能也可能会对结构起制约作用，功能的改变可能会导致

---

① 肖笃宁，李秀珍，高峻，等.景观生态学 [M]. 2. 北京：科学出版社，2010.
② 邬建国.景观生态学：格局，过程，尺度与等级 [M]. 北京：高等教育出版社，2007.
③ 傅伯杰，陈立顶，马克明，等.景观生态学原理及应用 [M]. 北京：科学出版社，2011.

结构发生相应变化；另一方面景观空间格局也会影响生态系统的过程，反之，自然和人为因素影响下各种生态系统过程相互作用的结果也会影响到景观的格局。①

随着景观生态学理论与方法研究的不断深入，与城市规划、自然资源管理、环境保护等实际问题的联系逐渐紧密，其相关理论和方法为资源、环境、生态及可持续发展等领域关键问题的解决提供了重要的参考价值②。总体来看，虽然景观生态学的研究内容、方法和热点会随着实践需要不断改变，但结构、过程、功能之间的关系始终是其研究的核心，具有重要的理论价值与实践意义。当前景观生态学有关结构、空间格局、生态学过程的基本观点就为以推动国土空间布局优化、提升生态系统服务水平的国土空间生态修复工作，提供了科学合理的学科支撑和方法工具（彭建等，2020）。

二、生态系统服务

生态系统服务是指生态系统和生态过程产生的影响人类福祉的产品和服务（Nelson et al.，2009），包括供应服务（如淡水和食物供给）、调节服务（如气候调节）、支持服务（如土壤形成）和文化服务（如美学和娱乐）。③ 作为连接自然生态系统和人类社会系统的桥梁，生态系统服务直接和间接地为人类福利作贡献，构成了人类赖以生存的基础（Costanza et al.，1997）。但过去50年中约60%的生态系统服务已退化或被不可持续地利用导致全球生态环境问题逐渐凸显，人们开始认识到生态系统服务在维持人类生存和发展方面的重要作用。

生态系统服务的研究始于20世纪90年代，经历了从概念性研究

---

① 傅伯杰，陈立顶，马克明，等．景观生态学原理及应用[M]．北京：科学出版社，2011.

② 肖笃宁，李秀珍，高峻，等．景观生态学[M]．2．北京：科学出版社，2010.

③ Millennium Ecosystem Assessment. Ecosystems and human well-being: Synthesis [R]. Washington, DC: Island Press, 2005.

到系统综合的应用性研究的转变，由概念分类、价值核算到形成机理、权衡协同、区域集成与综合应用的深入（邓楚雄等，2019）。从现有研究来看，在生态系统服务评估、生态系统服务形成与流动、生态系统服务供需及权衡协同、生态系统管理等方面均有所突破，生态系统服务理论在生物多样性、土地利用、气候变化等领域均取得了重要进展（Qi et al.，2020；Immerzeel et al.，2021；Goyette et al.，2021；Deng et al.，2021）。生态系统服务是联系生态系统与人类福祉的纽带，可以为优化国土空间、推动规划决策提供重要工具（李睿倩等，2020）。生态系统服务理论可以为当前以"山水林田湖草是一个生命共同体"理念指导下的国土空间生态要素修复工作提供科学指引，尤其是对其中涉及的关键科学问题，如生态系统服务的时空演变规律与驱动机制、生态系统服务的权衡与协同、生态系统管理策略等，提供强有力的科学支撑（王军等，2019）。

三、系统工程理论

根据系统工程理论，系统是由相互作用的各要素组成的具有特定功能的有机整体，具有整体性、层次性等特征；同时系统也具有一定的结构，发挥一定的功能。[1]

整体性是系统的重要特性之一。系统虽由不同要素组合而成，且各要素均具有一定的功能，但系统的整体功能大于部分功能总和。一方面，城市复合生态系统本身具有整体性的特征，因为城市是人类在改造自然、适应自然的过程中建立的一个由自然、经济、社会等子系统组成的复合生态系统[2]。在这个系统中，斑块、廊道、基质等组成的景观镶嵌体联结成统一的、具有一定结构的整体，发挥一定的生态功能，提供部分生态系统服务。城市化进程中不合理的土地利用模式就

---

[1] 王众托. 系统工程 [M]. 北京：北京大学出版社，2010.
[2] 王如松，周启星，胡聃. 城市生态调控方法 [M]. 北京：气象出版社，2000.

体现了对城市复合生态系统整体性的破坏，如通过直接或间接改变地表覆被等方式，影响生态系统的结构和过程，进而使其功能发生不可逆的变化（周忠学，2011）。另一方面，当前我国生态环境的保护、治理与修复工作就是基于系统整体性的思路，从顶层设计到基层治理全面系统地展开。在这一体系中处于最顶层的便是国土空间的优化布局，即通过生产空间、生活空间、生态空间的协调统筹，辅以实施山水林田湖生态保护及修复工程，全面提升生态系统稳定性和生态服务功能。系统的层次性特征意味着系统既可分解为不同层次的子系统，同时其本身也可能是更大系统的一部分。系统的层次性特征有助于厘清城市空间相关概念的逻辑关系，如城市生态空间∈城市空间∈国土空间。再如，北京市生态空间的划定采用了生态控制区的概念，梳理其生态保护红线、生态控制区及生态空间的概念可知，在空间范围上：生态保护红线＜生态控制区＝生态空间；三者之间的关系为：生态保护红线∈生态控制区＝生态空间。

四、哲学中的生态观

人类在思考人与自然关系的过程中形成了丰富深刻的生态思想/生态观，如东方哲学中以"天人合一"为代表的儒家思想、主张"道法自然"的道家思想、认同"兼相爱"的墨家思想等，在以古希腊哲学、基督教哲学、近现代哲学为代表的西方哲学中也蕴藏着丰富的生态观。其中，马克思主义生态观就从哲学的角度揭示了自然与人的本质属性及人与自然的辩证关系。马克思主义生态观认为，人可以能动地认识并改造自然，但人类活动不能违背自然规律，否则必将受到自然的惩罚；强调人与资源、环境、社会的协同发展，提出了可持续发展理念的初步思想；[①] 提出要坚持系统性和整体性的原则，辩证地分析人口与资源、

---

① 刘增惠. 马克思主义生态思想与实践研究 [M]. 北京：北京师范大学出版社，2010.

环境、社会发展过程中出现的重大矛盾。[①]

马克思主义生态观不仅为我国解决生态环境等问题提供了理论指导，也在我国生态建设实践中得到创新与发展。从第一代党中央领导集体提出"植树造林，绿化祖国"到把环境保护作为我国现代化建设中的一项基本国策，从现代化建设必须实施可持续发展战略到以人为本、全面协调可持续的科学发展观的提出，再到把生态文明建设作为中国特色社会主义的重要内容，其中都蕴含着丰富的生态思想与内涵。当前以强化主体功能定位、促进国土空间开发格局优化、改善生态环境为主要内容的生态文明观就重申了人类尊重、顺应、保护自然的一般规律，通过生态、生产及生活功能的协调促进人与自然的和谐统一。[②]

第二节 生态空间的内涵及识别

一、生态空间的内涵

根据《自然生态空间用途管制办法（试行）》，生态空间是自然生态空间的简称，其定义为：具有自然属性、以提供生态服务或生态产品为主体功能的国土空间，包括森林、草原、湿地、河流、湖泊、滩涂、岸线、海洋、荒地、荒漠、戈壁、冰川、高山冻原、无居民海岛等。[③]

总体来看，生态空间的内涵体现在以下几方面：（1）相对性。相对于生产空间和生活空间，生态空间更加强调其本身所具有的、未施加人类活动痕迹的"自然属性"。但目前城市地区乃至地球上具有完全自然属性的地方几乎不复存在（李国煜等，2018）。自然属性更多地体

① 杜秀娟. 马克思主义生态哲学思想历史发展研究 [M]. 北京：北京师范大学出版社，2011.

② 国务院. 中共中央国务院关于加快推进生态文明建设的意见 [EB/OL]. [2020-4-13]. http://www.gov.cn/gongbao/content/2015/content_2864050. htm.

③ 国土资源部. 国土资源部关于印发《自然生态空间用途管制办法（试行）》的通知 [EB/OL]. [2020-7-22]. http://www.mnr.gov.cn/gk/tzgg/201704/t20170424_1992172.html.

现人类赋予土地的性质，如退耕还林、退耕还湖等举措带来的林地、湖泊、湿地等面积的增加，就促使土地的性质从社会属性向自然属性转变。从这点来看，生态空间的界定具有一定的相对性，具体包含现状条件及未来根据生态需求确定的生态空间两部分。（2）尺度性。宏观层面，《全国主体功能区规划》将国土空间按主体功能分为城镇空间、农业空间、生态空间和其他空间（图 2-1），三者相互独立、空间上互不重叠。但实际上，国土空间是由一系列要素在不同空间、范围、尺度上交织而成的复杂体，如大尺度生态空间内部可能存在耕地（生产空间）、住宅区（生活空间）等，城镇空间内部也会存在林地、草地、水体（生态空间）等。生态空间的这一特征在研究中由于受到获取的遥感影像数据精度的影响而表现得更加明显，以小尺度上的某住宅小区（50 m×50 m）为例，在高分辨率影像（5 m）中，小区内的一块绿化草地（7 m×7 m）可被识别为生态空间；但在低分辨率的影像（30 m）中，该小区所在的斑块便被整体识别为生活空间。（3）以提供生态功能为主。生态空间的主体功能为生态服务（如水源涵养、水土保持等）或生态产品（如清新的空气、清洁的水源等）供应。（4）管控的灵活性。生态空间与生态保护红线（仅包括区域重要的生态功能区及生态敏感区）不同，其范围要大于生态保护红线，但生态保护红线的管控更严格（按禁止开发区域的要求进行管理，原则上只增不减）。[①] 相比之下，生态空间的管控具有灵活性（分级分类的管控方式），如对其中的生态保护红线部分按照禁止开发区的要求管控，将符合一定条件的生态空间按资源环境承载力及国土空间适宜性评价结果，采取灵活的管控策略实现其功能的转化。[②]

———————

[①] 北京市人民政府. 北京市人民政府关于发布北京市生态保护红线的通知, 京政发〔2018〕18 号 [R]. 北京：2018.

[②] 北京市人民政府. 北京市人民政府关于印发《北京市生态控制线和城市开发边界管理办法》的通知, 京政发〔2019〕7 号 [R]. 北京：2019.

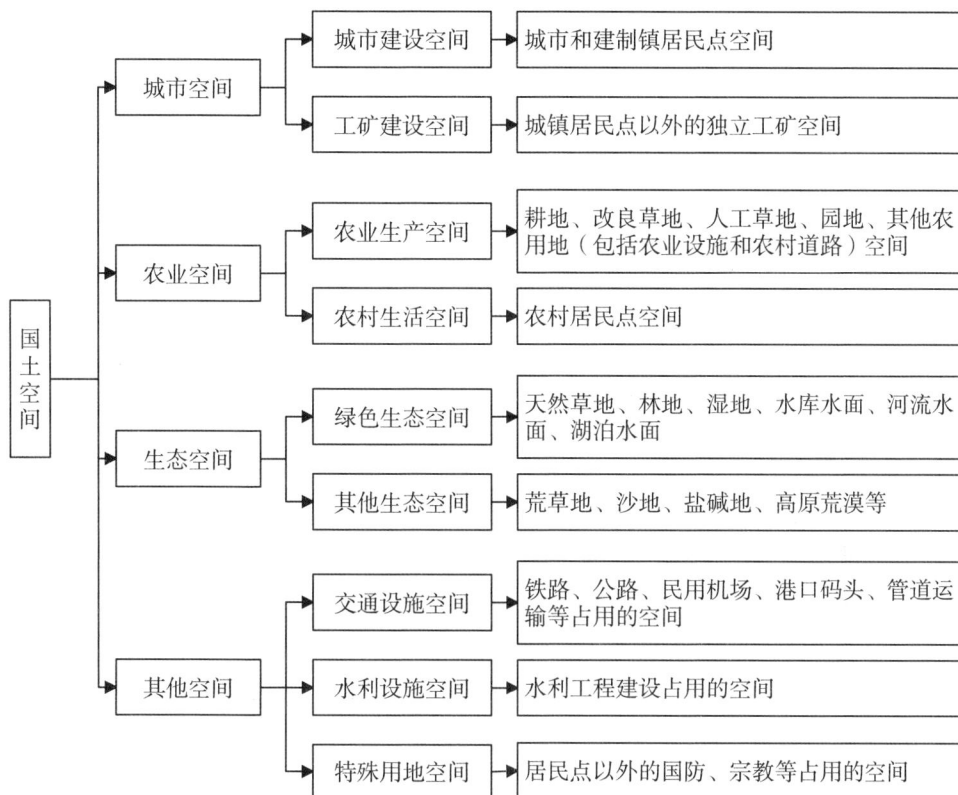

图 2-1　基于主体功能的国土空间分类

　　一般情况下，生态空间的定义遵循《自然生态空间用途管制办法（试行）》，但对于高度城市化区域（如北京市）而言，目前具有完全自然属性的国土空间不仅非常有限，分布也很不均衡。北京市在划定生态控制区时就将一些结构性的绿地纳入生态空间的范围，[①] 相关研究也表明，城市绿地在调节城市小气候、净化空气、休憩娱乐等方面均发挥了重要作用（Jaung et al., 2020；Ghafari et al., 2020；Shah et al., 2021）。因此，综合北京市生态空间的划定实践，并结合国内外有关生态空间内涵的理解，本书将城市生态空间定义为城市区域以提供生态

---

　　① 北京市人民政府．北京市人民政府关于印发《北京市生态控制线和城市开发边界管理办法》的通知，京政发〔2019〕7 号 [R]. 北京：2019.

服务或生态产品为主体功能，以林地、草地（包括城市绿地）、水体等生态用地为载体的国土空间。

二、生态空间的识别

生态空间的准确识别对生态系统的维护及生态功能的发挥具有重要意义。文献梳理发现，目前生态空间识别方法主要有基于生态功能、生态要素、土地利用三种方法，其中基于土地利用的生态空间识别又可分为直接定义、根据土地利用分类标准识别和根据功能评分识别三种方式。总体来看，学者们对生态空间的理解有不同角度的根本原因在于对生态空间属性及特征的不同认识。由于生态服务或生态产品的供应需要一定的实体来承载，因此生态空间具有以提供生态服务或生态产品为主和以林地、草地、水体等载体两个属性，前者为生态空间的功能属性，后者为其实体属性。基于土地利用的生态空间识别，将生态空间的实体属性与现状土地利用分类相结合，可以更好地为管理实践服务。其中，基于功能评分的识别方法虽也需与现状土地利用分类相结合，但该方法是基于对土地的多功能属性的认识以打分的方式识别出土地的主要功能进而实现对生态空间的划分。这种识别方式实现了生态空间的功能属性和实体属性的结合，是与其他分类方法的本质区别。

第三节　水生态系统服务

一、水生态系统服务的内涵

目前学术界对水生态系统服务的概念并没有明确的定义，普遍认为与水相关的生态系统服务即为水生态系统服务，在表述上多用 water-related ecosystem service 或 者 water ecosystem service（Valente et al.，2021；Benra et al.，2021）。梳理水生态系统服务的相关研究进展可以发现，水生态系统服务概念的宽泛，对其理解有不同的角度。

（一）关注点一：水

部分水生态系统服务研究的关注点在于"水"，进而从水文过程、水量、水质等角度展开对水生态系统服务的研究。如 Benra et al.（2021）对水生态系统服务的理解就倾向于水文过程的角度，认为水生态系统服务包括了水量和水调节两方面，对其评估需要了解水文过程以及对气候和土地覆被变化的响应；Schilling et al.（2019）和 Cong et al.（2020）则直接将与水文过程相关的这部分生态系统服务称为水文生态系统服务（hydrological ecosystem services）；Martin-Ortega et al.（2015）认为，淡水供应、渔业生产、洪水调蓄和休闲娱乐等服务与水循环均有关，属于水生态系统服务的范畴。[1] 事实上，与水文过程相关的水生态系统服务在评估上由于需要考虑到气候、土地利用等因素与水文过程的相互作用而变得非常复杂。Keeler et al.（2012）认为，水质是许多服务如渔业生产服务的重要贡献因子，而不是最终的生态系统服务类型，进而提出了与水质相关的生态系统服务评价体系。

（二）关注点二：水生态系统

部分水生态系统服务研究的关注点在于"水生态系统"，认为水生态系统提供的服务（如生物多样性等）即为水生态系统服务。水生态系统的这一角度又可延伸出水生生态系统和与水有关的生态系统两种观点，后者认为包括河流、湖泊等淡水，海滨带、大陆架等陆海交界以及开阔海域等在内的所有生态系统都与水有关，其提供的服务均可视为水生态系统服务。如 Yang et al.（2021）将水生态系统和其他陆地生态系统之间相互作用的产物称为水生态系统服务，包括产水量、土

① Martin-Ortega J, Ferrier R C, Gordon I J, et al. Water ecosystem services: A global perspective[M]. Cambridge: Cambridge University Press, 2015.

壤保持、水质净化、气候调节、生物多样性等；Grizzetti et al.（2016）则认为，河流、湖泊、地下水、沿海水域、海洋的水生态系统支持并提供一些关键的生态系统服务，如鱼类生产、供水和娱乐以及与流域水文过程有关的净水、保水和气候调节等，是水生态系统服务研究中不能忽视的重要部分。

由上述分析可知，对水生态系统服务内涵有多角度解释的根源在于"水"不论是作为资源和还是作为传输媒介的重要意义。一方面，水是生命之源，不仅组成了有机体还维持着生命活动。这一特性决定了水作为一种可被人类

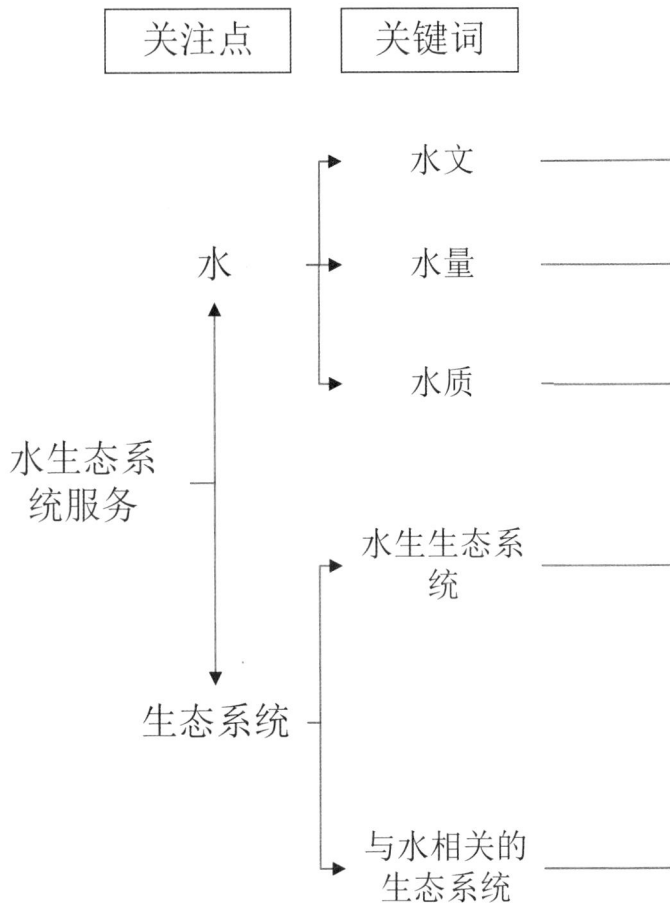

图 2-2 水生态系统服务的内涵

直接（如饮用）或间接（如从事生产活动）利用的资源的重要性，可以说人类的福祉以及整个生态系统都依靠水资源来维持生命的淡水供应（Keeler et al.，2012）。另一方面，水循环是联系地球各个圈层和各种水体的"纽带"，是"调节器"，它调节了地球各圈层之间的能量，而且作为各种物理化学等过程传输的媒介进行能量交换和物质迁移。因此，从

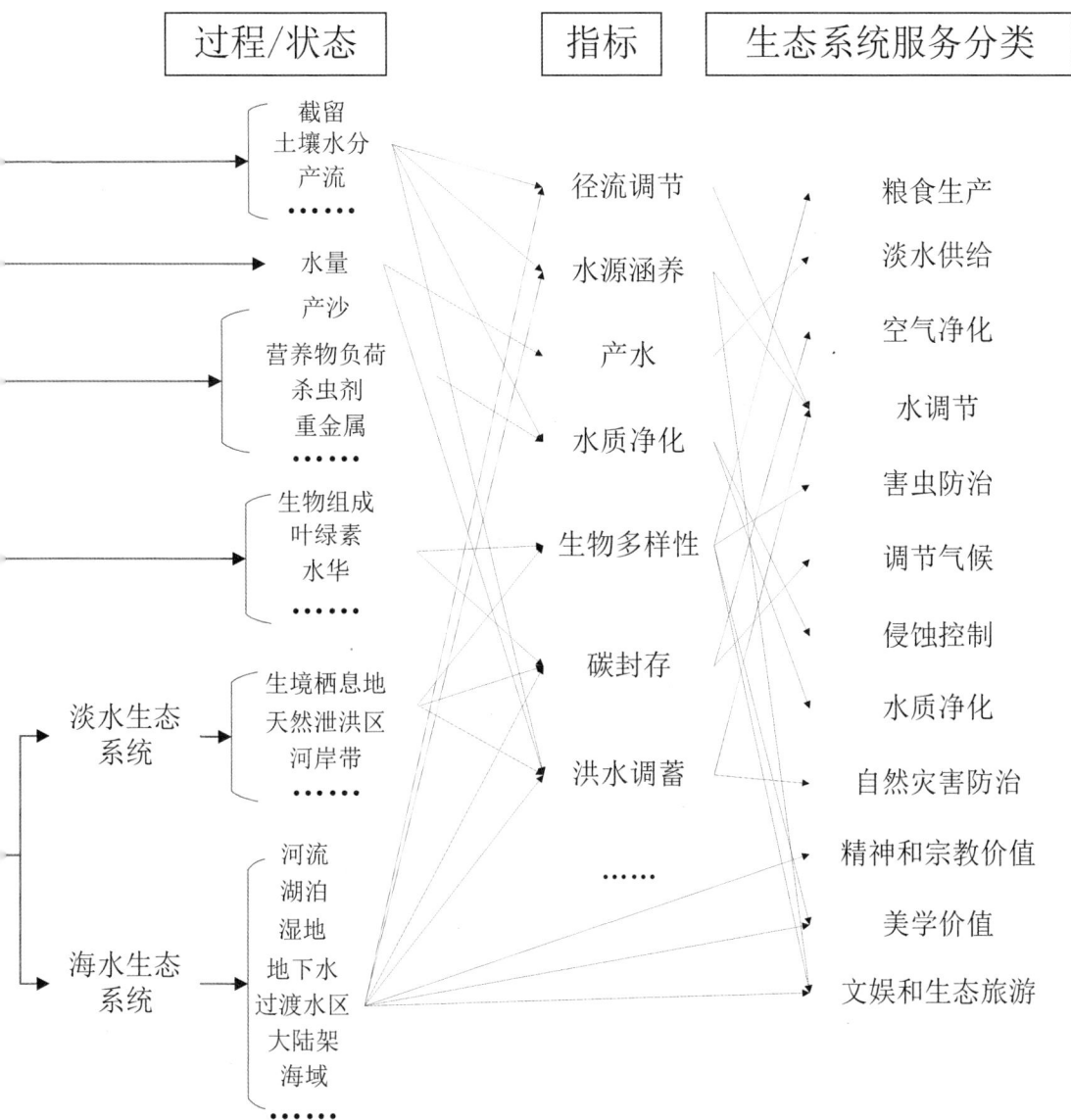

| 过程/状态 | 指标 | 生态系统服务分类 |

过程/状态：
截留
土壤水分
产流
……
水量
产沙
营养物负荷
杀虫剂
重金属
……
生物组成
叶绿素
水华

淡水生态系统 — 生境栖息地 天然泄洪区 河岸带 ……

海水生态系统 — 河流 湖泊 湿地 地下水 过渡水区 大陆架 海域 ……

指标：径流调节、水源涵养、产水、水质净化、生物多样性、碳封存、洪水调蓄 ……

生态系统服务分类：粮食生产、淡水供给、空气净化、水调节、害虫防治、调节气候、侵蚀控制、水质净化、自然灾害防治、精神和宗教价值、美学价值、文娱和生态旅游

水生态系统服务的研究脉络（图 2-2）也可以看出生态系统提供的大部分服务都与"水"有关，也正是因为"水"的重要性，上述这些与水相关的生态系统服务研究在近年来受到了高度重视。

深入分析水生态系统服务的内涵发现，水生态系统服务可分为与水直接相关和与水间接两种类型，其中，与水直接相关是指对水资源

形成、水文过程或水循环有直接影响的生态系统服务，如淡水供给、水调节、水质净化等；与水间接相关是指水作为资源或传输媒介参与了该项生态系统服务的形成，如作为水资源影响粮食生产、作为传输媒介影响侵蚀过程等。另外，应注意到虽然水生态系统服务研究的是与水相关的生态系统服务，但其研究对象并不仅仅局限于与水相关的生态系统，尤其是在以水文过程或水量、水质为重点的相关研究中，森林、农田、草地、湿地等生态系统在水调节、供水、水质净化等方面发挥着尤为突出的作用，均在水生态系统服务的研究范围之中，属于其研究对象。如 Qi et al.（2019）的研究证明，汉江流域的森林恢复工程虽然会导致产水量减少，但对水土保持和水质净化有明显的改善作用；Valente et al.（2021）基于水生态系统服务评价结果，确定了在农业景观中建设森林恢复带的优先区域。

二、水生态系统服务的定量评价

水生态系统服务评价方面，由于水生态系统服务定义的宽泛，对其评价是具体问题具体分析（Fisher et al.，2009）。但基本思路是通过确定研究对象（如森林、湿地、农田生态系统等）所能提供的功能进而选取相应的指标（如产水、水土保持、粮食生产等）计算其生态系统服务。

过去的研究主要从人为角度或通过经济模型来评估生态系统的价值（Costanza et al.，1997；Naidoo et al.，2006）。其后，由于人们越来越需要了解生态系统过程及其持续提供的效益，物质量评价的相关研究渐多，尤其是模型的诞生使得除了可以评估生态系统的价值外，还可以评估生态系统的供应能力（Francesconi et al.，2016）。这部分研究大多将物质量视作生态系统提供的功能与服务，常用的评价模型有 MIMES（Multi-scale Integrated Model of Ecosystem Services），ARIES（the

ARtificial Intelligence for Ecosystem Services），InVEST，Co$ting Nature，SWAT，WaterWorld 等，如 Sahle et al.（2019）就基于 InVEST 模型中的修正通用土壤流失方程计算的土壤和泥沙流失量，评价了流域的水土保持服务；Ferreira et al.（2019）基于 WaterWorld 决策支持系统产出的参数（污染足迹、污水足迹、水压力、土壤侵蚀、水平衡和径流），评价了巴西圣保罗地区退耕还林对水生态系统服务的影响。

三、水生态系统服务的影响因素

一般来说，气候变化和人类活动是影响水系统的主要因素。因此，在水生态系统服务研究中气候和土地利用变化是水生态系统服务影响分析的主要因子（Gao et al.，2017；Liu et al.，2019）。但二者并不是独立影响区域水生态系统服务，它们之间相互作用，共同对水生态系统服务产生影响（Zhang et al.，2018）。事实上，流域尺度上的水生态系统服务往往是几种生态系统之间相互作用的结果，任何生态系统都可能对水生态系统服务具有潜在的重要影响（Guo et al.，2000）。

气候对区域产水量至关重要，尤其是降水和蒸发与陆地水资源的输入和输出有着非常密切的关系，但气候对水生态系统服务的影响机制具有一定的区域差异性，有研究表明，即使降水较小的空间异质性和时间差异性也会导致产水量存在巨大差异（Pessacg et al.，2015）；也有研究表明，植被蒸腾和土壤蒸发导致的水分流失较大，降水量的增加还不足以增加森林产水量（Chang et al.，2017）。

土地利用变化作为人类对自然生态系统干扰最直接的反应，已被视为生态过程和生态系统变化最重要的驱动因素之一（Polasky et al.，2011；Lawler et al.，2014）。人类活动通过不同的土地利用策略影响生态系统，改变生态过程，从而影响生态系统服务（Allan et al.，2015；Chillo et al.，2018）。如破坏森林和草原会改变全球生物化学循环（Houghton et al., 2017），导致土壤养分损失增加和土壤侵蚀（Borrelli et al., 2017）。土地利用/覆被变化通过直接影响生态系统的演变，驱使其结构和功能发生变化（Wang et al., 2018），尤其是对流域水文动态的影响已在世界范围内得到充分证实，但估计区域土地利用/覆被变化对水生态系统服务的影响仍然是个问题（Zhang et al., 2018）。从流域管理的角度来看，最重要的影响包括水文过程和土壤侵蚀两方面，这些影响反过来又会对相应的生态系统服务（如水供给和侵蚀控制）产生作用（Bangash et al., 2013；Serpa et al., 2015）。水文过程方面，土地利用/覆被变化可通过影响蒸散、下渗和土壤持水量等要素或环节来改变水文过程，最终影响流域产水量（Sánchez-Canales et al., 2012）。土地利用/覆被对水生态系统服务的影响主要来源于两个方面。一是土地利用/覆被的构成。土地利用/覆被变化可通过植被物种更替和毁林造林等引起径流变化。如有研究表明，由于蒸散和入渗作用的减弱，森林和草地向不透水面转化时，流域的地表径流和产水量将显著增加（Ayivi et al., 2018）；将农业用地改为种植园将减少水产量，并影响下游的水资源供应（Zhang et al., 2001）；也有研究表明，森林类型会对如蒸散发、径流等关键水文过程产生影响（Little et al., 2009）。Esquivel et al.（2020）的研究则表明森林生态系统的生物多样性与水生态系统服务供给之间存在正相关关系，功能多样性（functional diversity，FD）越大，水生态系统服务供给率越高，FD=0.3是高水生态系统服务供给率的临界阈值。二是土地利用/覆被的结构。如有研究表明，景观斑块平均面积是影响水土保持服务的主要因素，坡度则是影响营养物和泥沙截留服务的主要因素（Lei et al., 2021）。

第四节 分析框架

景观生态学中"结构—过程—功能—服务"的研究路径为本书探讨城市空间功能与水生态系统服务的影响机理提供了分析框架（图2-3）。在当前,应以国土空间格局优化为基础,基于生态系统服务视角,对国土空间及其生态要素进行修复,从根源上促进退化的或受损的生态系统及其结构、过程与功能的恢复,从而提升人类生态福祉。

本书的分析从"三生"空间的视角展开,"三生"空间构成了不同尺度国土空间调整的主体,其科学规划和协调布局是国土空间优化调整的基本目标。因此,本书首先通过分析"三生"空间的时空动态特征,揭示"三生"空间的演变机制（第四章）;在当前的国土空间规划体系中,"三生"空间中的生态空间是生态系统服务的主要来源,"三生"空间的演变必然会影响到生态系统的结构,使得水循环过程发生改变,导致水生态系统服务供给能力受到影响（第四章）;考虑到水对北京的重要意义,从水生态系统服务的角度探讨生态空间对水生态系统服务的影响机理。鉴于水生态系统服务内涵的广泛性,基于与水相关的生态系统服务重要性排序结果（图2-3）（俞孔坚等,2010；Li et al.,2017；Kang et al.,2018；Chen et al.,2020）及北京实际,选取水供给及水调节服务作为水生态系统服务关键指数（第五章）。在上述分析的基础上,基于《北京城市总体规划（2016—2035年）》对城市生态空间的演变进行模拟,基于规划情景及水文年情景通过进一步分析生态空间变化对区域关键水生态系统服务的影响及规划情景下水生态系统服务对不同水文年的响应（第六章）,进一步揭示水生态系统服务的影响机理并提出相应的调控对策（第七章）。

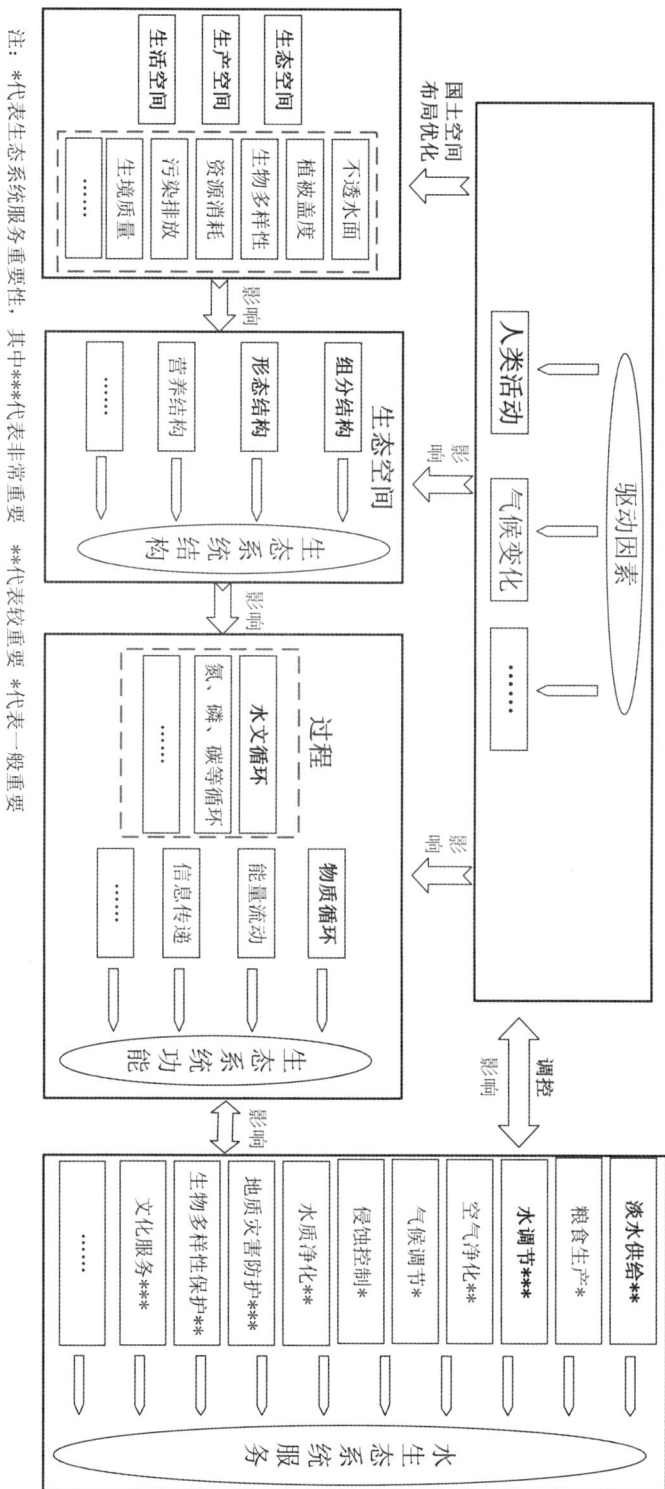

图 2-3 分析框架

注：*代表生态系统服务重要性，其中***代表非常重要 **代表较为重要 *代表一般重要

| 第三章 |
研究区概况及数据处理

本书研究区为北京市。

第一节　北京市总体概况

（一）自然地理

北京市地理位置 39° 28′ N–41° 05′ N，115° 25′ E–117° 30′ E（图 3–1），面积约为 16808 km²。北京地处华北平原北部，西、北、东北部三面环山，其中，北部以燕山山地与内蒙古高原接壤，西部属太行山山脉与黄土高原毗邻，东北与松辽平原相接，东南与黄淮海平原连片。山地面积约占北京市域总面积的 62%，平均海拔为 1000 m~1500 m，最高峰海拔超过 2000 m；平原区面积约占 38%，平均海拔为 30 m~50 m。北京依山面海，腹地辽阔，自然条件优越，地理位置极为重要（陈传康等，1984）。

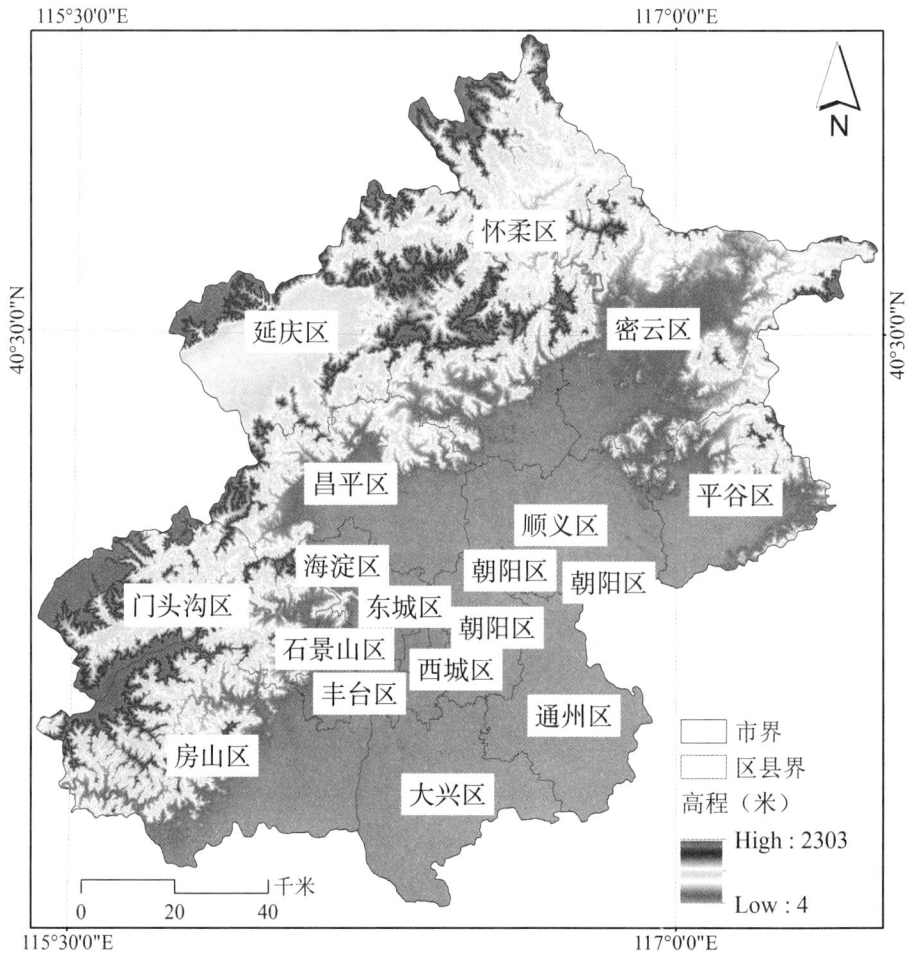

图 3-1 北京市 DEM 及行政区划

北京的气候表现为暖温带半湿润大陆性季风气候，夏季炎热多雨，冬季寒冷干燥（张景秋，2001）。多年平均降水量为 505 mm，降水的年变率较大，集中于夏季且多暴雨（2000—2018 年）（徐宗学等，2006；于淑秋，2007）；年均温为 13.4℃，年均最高气温为 38.7℃，年均最低气温为 –13.3℃（2000—2018 年）。北京市的地表水系均属于海河流域，包括西部的大清河及永定河水系、中部的温榆北运河水系、东部的潮白河及蓟运河水系，其中，永定河是流经北京的最大河流。1949 年后，北京先后修建了多个大中小型水库，并开挖了京密引水渠、永定河引水渠、潮河总干渠、白河堡饮水工程四条大型引水渠将河湖连成一体，构建了较为完善的水网系统（图 3-2）。[1]

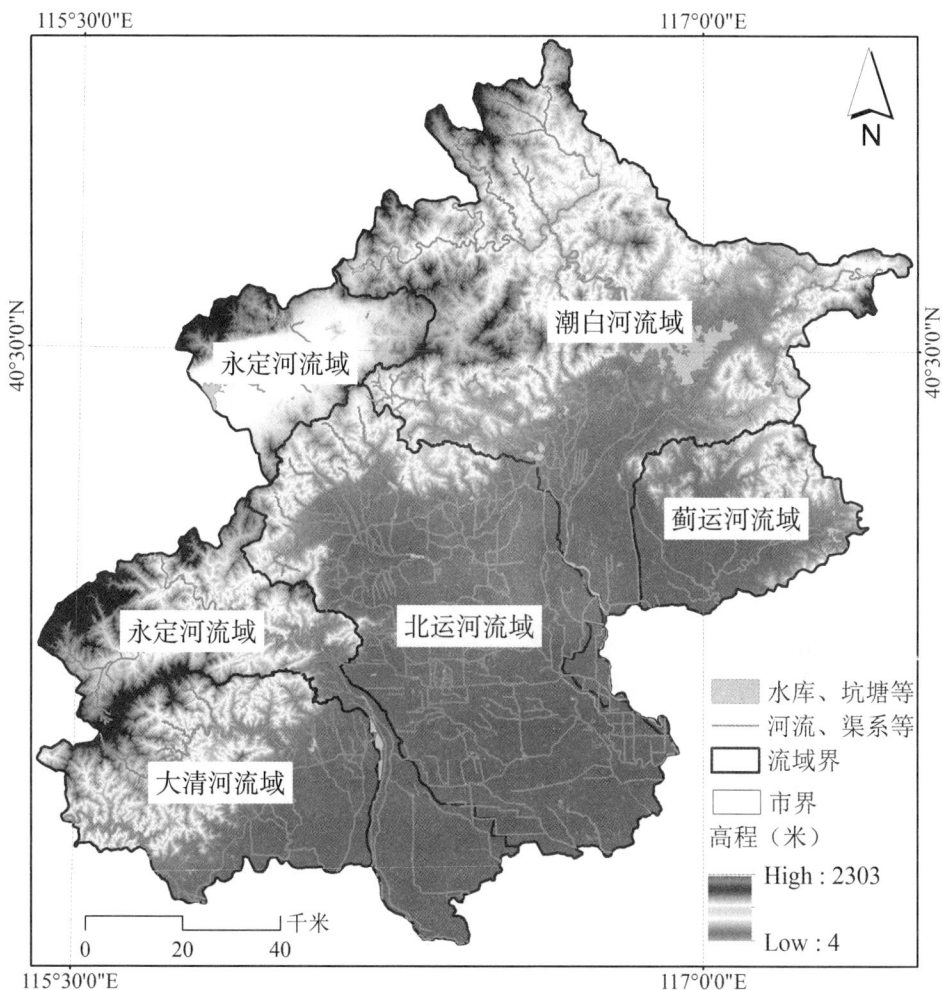

图 3-2　北京市主要河流及水系分区

---

① 霍亚贞 . 北京自然地理 [M]. 北京：北京师范学院出版社，1989：4-81.

充分认识北京市的自然地理演变过程是探究北京市水问题产生机理的重要前提。地质历史时期北京地区一片汪洋,中生代初期抬升为陆地,白垩纪晚期以燕山运动为主的构造变动奠定了北京地质构造的基础骨架,在构造运动、造山运动及侵蚀堆积等外营力的共同作用下,西北部山地、东南部平原的地貌轮廓基本确定。[①] 其后,受喜马拉雅运动的影响,一方面,山地进一步抬升,山间盆地则下陷形成湖泊,并出现了一些区域性内陆河流;另一方面,出现了部分断裂带,并形成了永定河、温榆河、潮白河等古河道,河流携带大量泥沙促使平原区冲积洪积扇的形成。总体来看,相对于山地区,平原区的地貌格局受水系变迁的影响更大。[②] 平原区由于第四纪松散沉积物厚度较大,有利于降水的下渗及存储,地下水资源较丰富。因此,历史上,北京平原地区湖泊泉眼众多,潜水水位较高,被称为"北京湾";但随着城市不断发展及后续城市化进程的开展,北京地表水系被彻底改造,城市水环境、水生态受到了很大影响(李裕宏,2007;邓辉等,2011;吴军等,2017)。

(二)社会经济

北京市包括东城、西城、朝阳、丰台、石景山、海淀、顺义、通州、大兴、房山、门头沟、昌平、平谷、密云、怀柔、延庆16个区(图3-1)以及下辖的(不包括东城区和西城区)295个乡镇和街道。20世纪80年代末以来,北京经历了非常快速的城市化过程,突出表现为人口的大幅增加及社会经济的迅猛发展(图3-3)。根据《北京市统计年鉴》,1985—2018年间,北京市常住人口从981万人增加到2154.2万人;地区生产总值由257亿元增长到30320亿元(按当年价格计算),增幅高达116.98%,其中,第二产业、第三产业总产值分别由153.5、85.9亿元增加到5647.7、24553.6亿元,人均地区生产总值从900美元/人增

---

① 霍亚贞. 北京自然地理 [M]. 北京:北京师范学院出版社,1989:4-81.
② 曹和平. 北京水生态理想模式初探 [M]. 北京:北京大学出版社,2016.

加到了 21188 美元 / 人（北京市统计局等，2019）。[1] 截至 2018 年末，北京市常住人口达 153.6 万人，其中城镇人口占比 86.6%，常住外来人口占比 34.6%。经济发展方面，2019 年实现地区生产总值 35371.3 亿元，人均地区生产总值 16.4 万元（按常住人口计算）。[2]

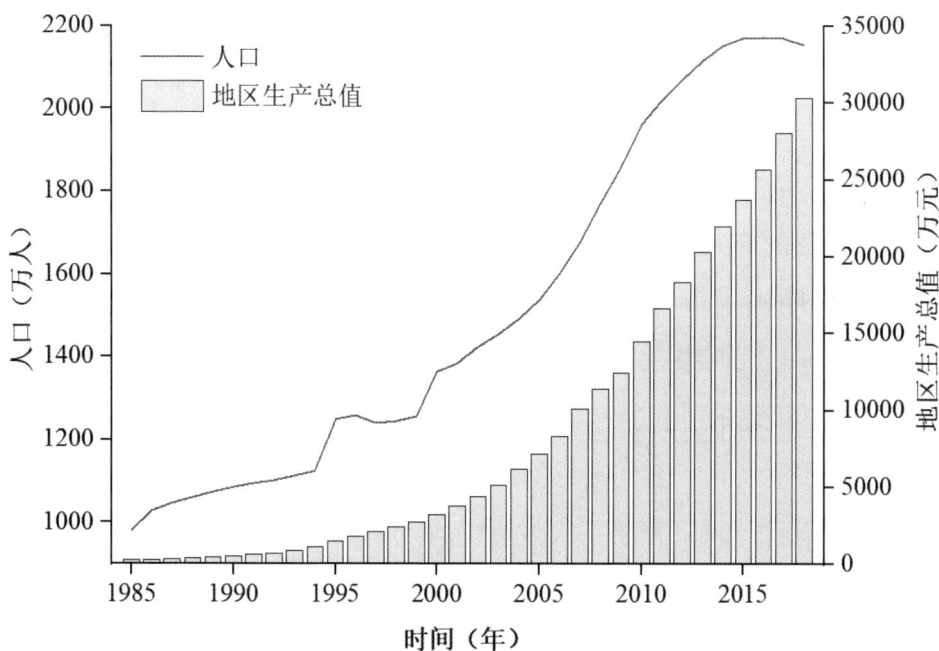

图 3-3　1985—2018 年北京市人口和经济变化

（三）城市发展

梳理北京市近年来的城市发展历程可以发现，北京通过一系列城市规划、土地利用规划等政策推动城市空间 的优化重组，促进人口资源环境相协调。

1950 年前后，由梁思成和陈占祥提出的以保护古城为核心的行政

---

① 北京市统计局,国家统计局北京调查总队. 北京统计年鉴 2019[Z].北京：中国统计出版社 北京数通电子出版社，2019.

② 北京市统计局 . 北京市 2019 年国民经济和社会发展统计公报 [R].2020.

中心建设方案，推动了近现代北京总体规划格局的基本形成。1953 年，北京市委提出了《改建与扩建北京市规划方案的要点》及《北京市第一期城市建设计划要点》，初步确定了现代化建设的方向，明确了北京的功能定位（政治、经济、文化中心）。1957 年的《北京城市建设总体规划初步方案》拓展了北京作为现代化工业基地和科技中心的功能定位，确定了旧城改造与新城建设并举的建设方案，明确了中央领导机关沿长安街的布局。1983 年，确定了《北京城市建设总体规划方案》，重新界定北京为全国政治和文化中心，确定了由旧城向四周扩散、近郊新城建设的布局。1993 年提出的《北京城市总体规划（1991 年—2010 年）》明确了市区建设从外延扩展向调整改造转移，从以新区开发为主转向旧区调整改造与新区开发并重的建设目标；规定了公路一环内绿色空间地带（包括公园绿地和各种绿化隔离带以及菜地、粮田、果园、水面等）不少于乡域总用地的 60%。[①]

2000 年后，北京开始了大发展阶段，城市化逐渐成熟（吴文佳等，2013）。《北京城市总体规划（2004 年—2020 年）》进一步加强了城、乡建设用地的统一管理和统筹利用，通过严格控制城乡总建设用地进行城市规模的控制，划定城市增长边界和生态红线促进土地节约集约，推动了"三规（城乡规划、经济社会发展规划和土地利用规划）合一"。[②] 在《北京城市总体规划（2004 年—2020 年）》实施期间，北京逐步推动生态城市建设目标；[③] 2008 年，《北京奥运行动规划》明确提出了要把北京建设成为生态城市；2009 年的《北京 2009 年节能减排行动计划》从人文、科技、绿色三方面推动了北京社会经济的可持续发展及节能

---

① 北京市人民政府. 北京城市总体规划（1991 年—2010 年）[Z]. 北京：1994: 2021.

② 北京市人民政府. 北京城市总体规划（2004 年—2020 年）[Z]. 北京：2005: 2021.

③ 北京市规划和自然资源委员会. 打造低碳生态城市，建设一个以人为本的绿色北京 [EB/OL]. [2020-2-21]. http://ghzrzyw.beijing.gov.cn/zhengwuxinxi/gzdt/sj/202001/t20200119_1617896.html.

减排目标的实现；2010 年的《绿色北京行动计划（2010—2012 年）》提出了转变经济发展方式、促进协调发展的行动安排；2013 年的《北京市发展绿色建筑推动生态城市建设实施方案（京政办发〔2013〕25号）》提出了"十二五"期间各区县至少 10 个绿色生态示范区和 10 个 5×10^4 ㎡以上绿色居住区的创建目标。

2012 年，《北京市主体功能区规划》发布，落实了北京作为国家优化开发区域的定位，明确了首都功能核心区、城市功能拓展区、城市发展新区及生态涵养发展区的发展格局，严格控制城市空间的外延扩张，更加注重内部结构的优化与生态空间的有效拓展。[1]2014 年 2 月25 日，习近平总书记在北京考察时，重申了北京作为全国政治、文化、国际交往及科技创新中心的战略定位，通过非首都功能的疏解与人口规模的控制，促进北京的均衡发展。

2017 年，《北京城市总体规划（2016—2035 年）》发布，确定了人口总量上限、生态控制线、城市开发边界"三条红线"，提出了严格控制用地规模（2035 年全市城乡建设用地规模控制到 2760 km² 左右）、扩大生态空间规模（2020 年生态控制区占比 73%、2035 年占比 75%）的建设目标。[2]2018 年，划定全市生态保护红线面积为 4290 km²，占市域总面积的 26.1%，呈"两屏两带"的空间格局（图 3-4），其中，"两屏"指北部燕山和西部太行山生态屏障，以发挥水源涵养、水土保持和生物多样性维护功能为主；"两带"为永定河及潮白河—古运河沿线生态保护带，以发挥水源涵养功能为主；[3]并依据《北京市生态控制线和城市开发边界管理办法》对市域空间实行两线（生态保护红线、永

---

① 北京市人民政府办公厅. 北京市主体功能区规划[EB/OL]. [2020-10-22]. http://www.beijing.gov.cn/gongkai/guihua/lswj/yw/201907/t20190701_100164.html.

② 北京市规划和国土资源管理委员会. 北京城市总体规划（2016 年—2035 年）[EB/OL]. [2020-2-15]. http://www.beijing.gov.cn/gongkai/guihua/wngh/cqgh/201907/t20190701_100008.html.

③ 北京市人民政府. 北京人民政府关于发布北京市生态保护红线的通知,京政发〔2018〕18 号 [R]. 北京: 2018.

久基本农田保护红线）三区（生态控制区、集中建设区和限制建设区）的全域空间管制（图 3-5）。^① 随后在 2020 年 8 月 30 日印发了《首都功能核心区控制性详细规划（街区层面）（2018 年—2035 年）》,对东城、西城两个区 32 个街道确定了详细规划任务，深入落实城市战略定位，保障首都职能。^②

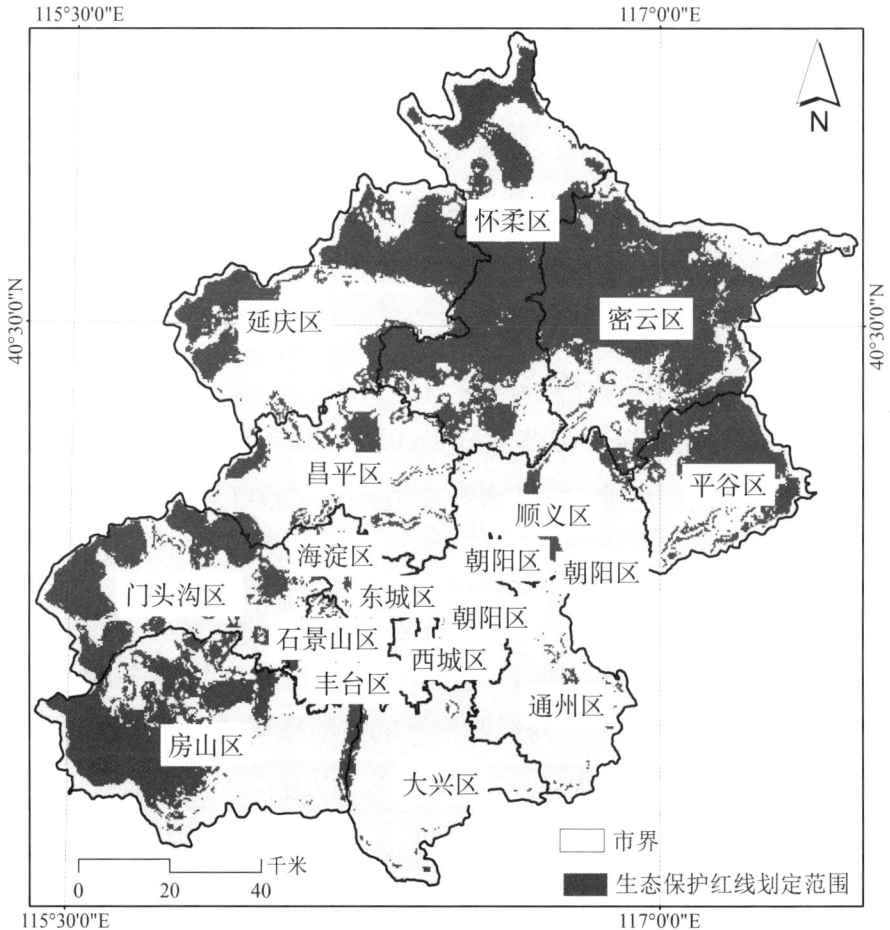

图 3-4　北京市生态保护红线范围

　　① 北京市人民政府. 北京市人民政府关于印发《北京市生态控制线和城市开发边界管理办法》的通知，京政发〔2019〕7 号 [R]. 北京：2019.
　　② 北京市规划和自然资源委员会. 首都功能核心区控制性详细规划（街区层面）（2018 年 —2035 年）[EB/OL]. [2020-2-21]. http://www.beijing. gov.cn/zhengce/zhengcefagui/202008/t20200828_1992592.html.

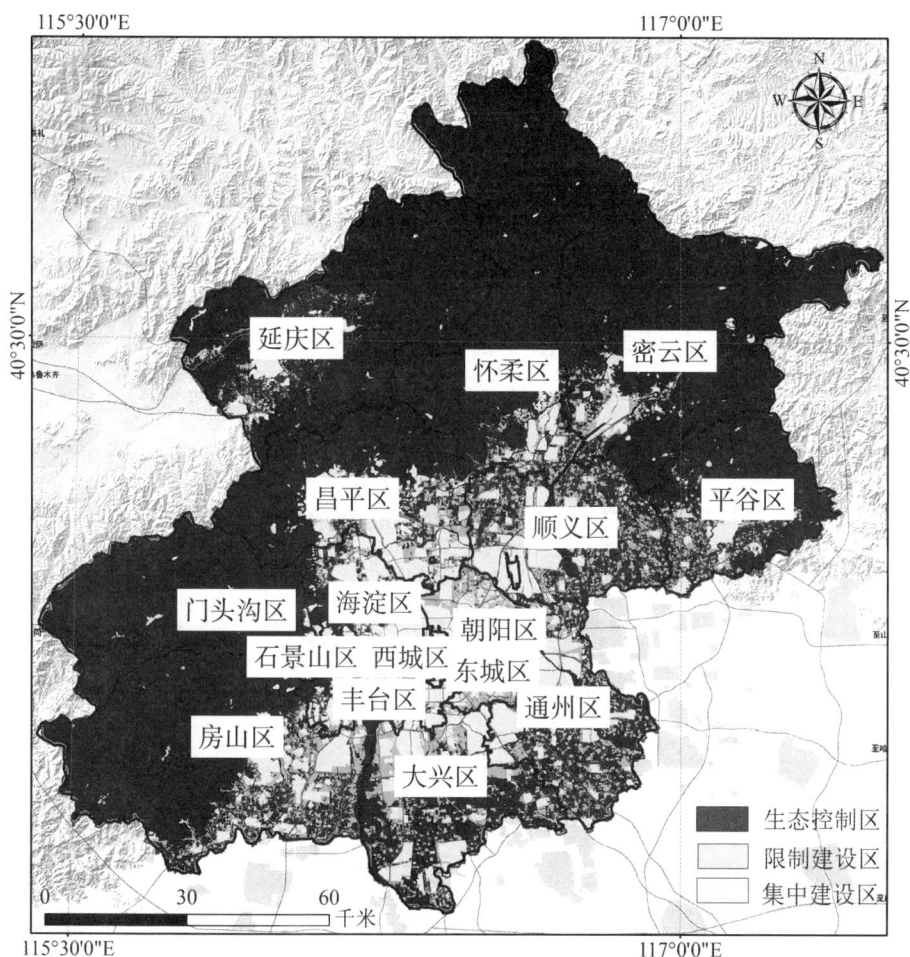

图 3-5　北京市两线三区规划 [①]

通过上述分析可知，北京的城市发展规划经历了由扩张性规划向优化空间结构规划转变的过程，城市建设的重点逐渐转为根据资源环境承载力倒逼城市内涵式发展，通过非首都功能的疏解，促进减量与集约发展。这种转变的根本原因在于人口规模的膨胀及其与资源环境矛盾的突出。以水资源为例，北京多年平均水资源总量为 25.66×10^8

---

① 北京市规划和国土资源管理委员会 . 北京城市总体规划（2016 年—2035 年）[EB/OL].
[2020-2-15]. http://www.beijing.gov.cn/gongkai/guihua/wngh/cqgh/201907/t20190701_100008.html.

45

m³，但常住人口约 2154.2 万人（2001—2018 年），水资源供需极不平衡，人多水少是北京的基本市情水情。2018 年，全市水资源总量 35.46×10^8 m³，但用水需求达到了 39.3×10^8 m³。[①] 受自然条件限制，北京地表水资源时空分布不均，总量不足，难以满足用水需求，因此长期以来，北京以开采地下水资源为代价来保证水资源的供给，但长期超采导致区域地下水位持续下降，地下漏斗区面积扩大。2018 年，北京平原区地下水平均埋深为 23.03 m，地下水降落漏斗面积达 660 km²，地下水埋深大于 10 m 的面积达 5062 km²；相较于 1980 年末，2018 年北京地下水位下降了 15.79 m，地下水储量减少了 80.8×10^8 m³。[②] 2014 年南水北调中线工程的正式通水在一定程度上缓解北京用水短缺、水质差的压力（Liu et al., 2020），减轻了地面沉降（Chen et al., 2020）。但北京水资源紧张的问题并未得到根本解决，水资源仍是制约北京社会经济发展的关键因子（Sun et al., 2019），北京水资源与水体保护的任务依然紧迫。[③]

第二节　北运河流域概况

考虑到水生态系统服务的定量评价需要在流域尺度上展开，本书选取北运河流域作为案例区，对水供给及生态空间的水调节服务进行分析。以北运河流域作为案例区主要基于两方面的原因：一是自然条件方面，北运河发源于昌平区燕山南麓，是唯一一条发源于北京市境内的水系（图 3-6）。这可以保证流域具有较为完整的水文过程，同时减少了其他水源汇入对流域水文过程的影响，使模拟结果更加准确。二是社会经济方面，北运河流域包含了北京城市化水平最高的主城区，

---

① 北京市水务局. 北京市水资源公报 [Z]. 2018.
② 北京市水务局. 北京市水资源公报 [Z]. 2018.
③ 周伟奇，韩立建. 京津冀区域城市化过程及其生态环境效应[M]. 北京：科学出版社, 2017.

随着区域发展定位的升级对流域内生态环境也有了更高的要求。根据《北京城市总体规划（2016 年—2015 年）》，北运河流域同时包含了首都核心功能区（东城区、西城区）、城市功能拓展区（朝阳区、海淀区、丰台区）、城市发展新区（通州区、顺义区、大兴区、昌平区的平原地区）及生态涵养发展区（延庆区、怀柔区、昌平区的山区部分），是北京市国土空间结构调整的重要区域。

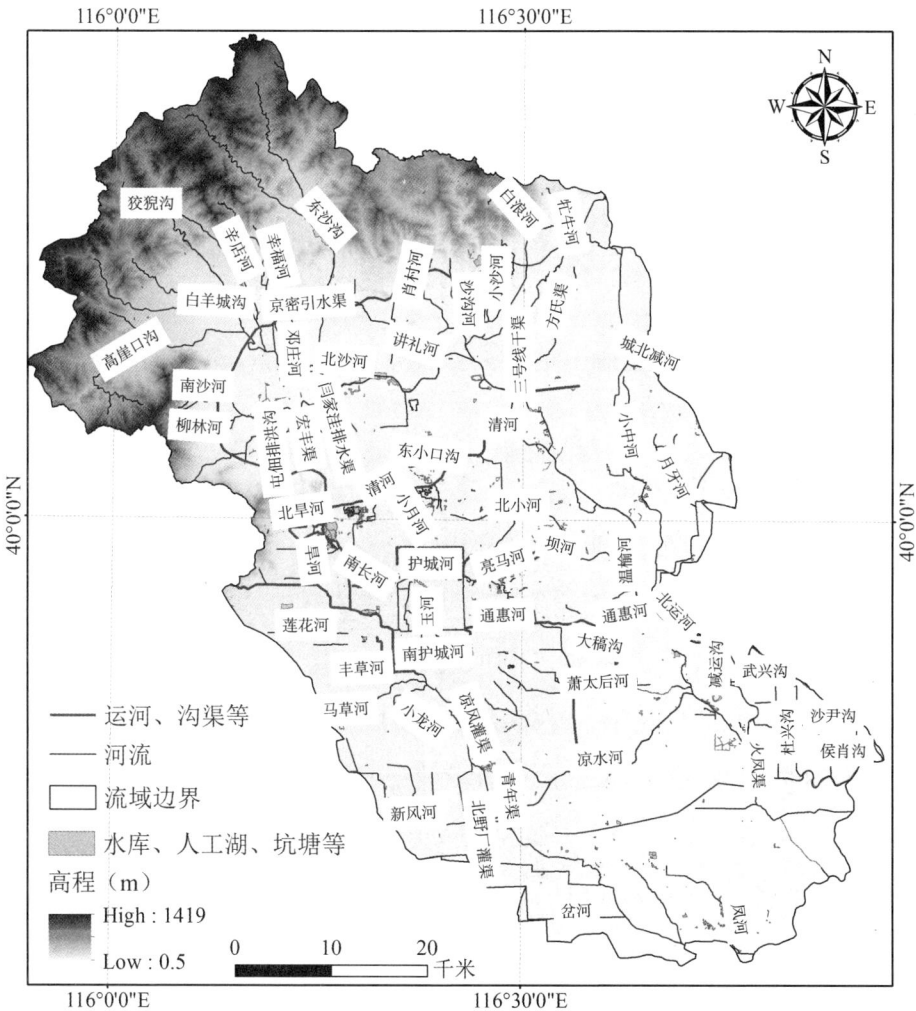

图 3-6　北运河水系

此外，北运河还是北京主要的行洪排涝河道，每年承纳着城区及农田约 90% 的排水任务（王志芳等，2019；邸琰茗等，2020），但近年来该流域防洪能力低、生态环境脆弱、环境容量低等问题逐渐突出（刘泽娟等，2019；林瑞峰等，2019）。因此，分析流域水生态系统服务能够为流域综合治理提供基础，对实现区域经济社会可持续发展具有重要意义。本书仅以北京市行政区划内的北运河流域作为案例区分析流域水生态系统服务，其中，上游为山地区，中下游为平原区。本书界定北运河流域中游为以东城区、西城区为中心的主城区部分，下游为主城区以下区域。

第三节　数据获取与处理

本书使用的数据包括土地利用数据、统计年鉴、公报、政策规划、气象资料、DEM、土壤等。

（一）土地利用数据

土地是城市空间识别最基本的单元，本书通过解译北京市 1987—2019 年的遥感影像，根据研究区土地利用 / 覆被特点和研究需要，构建土地利用 / 覆被分类系统，获取北京市土地利用数据。共收集到北京地区 1987 年、1990 年、1995 年、2001 年、2005 年、2010 年、2014 年及 2019 年 8 期 Landsat 系列卫星影像，所有数据均来源于美国地质勘探局（United States Geological Survey，USGS）网站。[①] 考虑到解译误差，选用植被茂盛的 5—9 月份且云量少于 5% 的影像作为数据源（表 3–1）。

---

① http://glovis.usgs.gov/

表 3-1 遥感数据源信息

卫星	传感器	景数	条带号／行号	获取时间	波段	空间分辨率
Landsat 5	Thematic Mapper（TM）	3	123/32 123/33	1987.9.26	1-5, 7	30 m
			124/32	1987.9.17		
Landsat 5	TM	2	123/32 123/33	1990.9.18	1-5, 7	30 m
Landsat 5	TM	2	123/32 123/33	1995.9.16	1-5, 7	30 m
Landsat 5	TM	2	123/32 123/33	2001.8.31	1-5, 7	30 m
Landsat 5	TM	3	123/32 123/33	2005.5.6	1-5, 7	30 m
			124/32	2005.6.30		
Landsat 8	Operational Land Imager_Thermal Infrared Sensor（OLI_TIRS）	2	123/32 123/33	2010.5.20	1-7, 9	30 m
Landsat 8	OLI_TIRS	3	123/32 123/33	2014.9.4	1-7, 9	30 m
			124/32	2014.8.26		
Landsat 8	OLI_TIRS	3	123/32 123/33	2019.9.18	1-7, 9	30 m
			124/32	2019.9.25		

为了解研究区土地利用/覆被特点并建立影像处理中需要的验证样本，课题组根据研究区实际地理分区情况，按"样带"模式，即从中心城区到郊区沿道路进行采样。野外实地调查工作于 2018 年在石景山区和昌平区进行，两次调查共采集野外调查点 72 个，所采集的样本点主要用于后期遥感影像的校正。

1. 数据预处理

本书选用更能突出植被特征的 4、3、2 波段（Landsat 5）和 5、4、3 波段（Landsat 8）作为标准假彩色合成的波段组合；采用空间域图像增强法扩大图像差异；采用直方图匹配法对多幅影像进行无缝镶嵌；根据北京市的行政边界提取研究区的遥感影像；设置影像投影为 UTM（Zone50）/WGS 1984。本书遥感影像的处理工作均利用 ENVI 5.3 完成。

2. 分类方法及原理

监督分类和非监督分类是最常用的遥感分类方法（王圆圆等，2004），但目前将遥感数据与机器学习算法，如神经网络、支持向量机、随机森林等相结合对土地利用进行分类逐渐成为研究热点，并得到了较好的分类结果（Adam et al.，2014；Thanh Noi et al.，2018；Yoo et al.，2019）。其中，随机森林（Random Forest，RF）基于分类和回归树（CART）的算法，从训练样本和树节点的输入变量中随机生成独立树，基于递归二进制拆分生成树结构中的最终节点。RF 事先不假设输入数据的分布，当输入新变量时，判别输入其类别并进行投票，最终票数最多的类别即为最终分类结果。作为一种模式识别分类方法，RF 可以从多源数据中提取出重要的特征信息（Breiman，2001），并且 RF 对噪声不敏感，计算效率要显著优于基于 Boosting 的集成方法和其他算法。近年来，RF 以分类精度高、处理速度快等优势得到了广泛应用。如 Rodriguez-Galiano et al.（2012）的研究结果证明了基于随机森林方法可获得较高的土地利用分类精度（Kappa 系数为 0.92），且 RF 算法的总体分类精度显著高于最大似然法；Tian et al.（2016）的研究结果也表明，RF 算法的分类精度要高于神经网络和支持向量机；在 Ghosh et-al.（2014）的研究中，RF 在城市地区土地利用分类中的有效性得到了验证。

本书中随机森林算法的应用主要由 ENVI 5.3 的扩展模块实现，在构建模型时需要确定两个参数：一是决策树的个数。研究表明，模型精度与决策树的数量呈正相关关系，但决策树个数的增加会导致运算时间的增加（吴敏等，2018）。综合考虑分类精度与时间成本，本书中根据相关研究结果设置决策树数目为 100。二是节点分支时需要的随机特征变量个数（f），本书中该参数根据公式 $f = \sqrt{m}$ 计算得到（Ghosh et al.，2014）。

3. 分类类别确定及训练样本选取

本书以《土地利用现状分类》（GB/T 21010—2017）为基础，[①] 结合 Landsat 系列数据的属性、研究目的及研究区土地利用分类特点，确定了如表 3-2 所示的土地利用 / 覆被分类体系。

表 3-2　土地利用 / 覆被分类体系

一级地类	二级地类	描述
耕地	有作物耕地	种植农作物的土地
	无作物耕地	未种植作物土地，包括休耕地、轮歇地等
林地	林地	生长乔木等的土地，包括所有林木用地，如绿化林、护堤林、防护林、自然生长林等
	疏林地	郁闭度低的林地、灌木丛等

①　中华人民共和国国家质量监督检验检疫总局，中国国家标准化管理委员会. GB/T 21010—2017 土地利用现状分类 [S]. 北京：中国标准出版社，2017.

一级地类	二级地类	描述
草地	天然草地	生长草本植物为主的土地
	人工草地	城镇、村庄范围内用于休憩、美化环境及防护的人工种植草地，如高尔夫球场内的草地等
水域	水库、坑塘等	陆域水域，包括滩涂、沟渠、水库、坑塘等用地
	河流	天然形成或人工开挖河流常水位岸线之间的水面
建设用地	城镇用地	城镇用于生活居住的各类房屋用地及其附属设施、商业服务设施等用地
	农村居民点	农村用于生活居住的宅基地
	其他建设用地	用于工业生产、交通通行的土地，包括机场用地、道路、采矿用地、仓储用地等
其他用地	裸土岩质地等	表层为岩石或石砾的土地

参照有关地理图件、统计资料并结合 Google Earth 影像，建立了研究区遥感影像的解译标志。由于影像获取时间存在差异，本书中分别为每年的土地利用类型确定了训练样本，并尽可能地保证样本分布均匀。采用 Jeffries-Matusita 距离来计算训练样本的可分离性，该参数取值范围为 0~2，值越大分离性越好。通过计算各一级类样本的 Jeffries-Matusita 距离发现均大于 1.8，为合格样本。训练样本确定后，基于随机森林算法完成影像分类并对分类后影像以目视判读的方式手动修改错分与漏分单元。

4. 分类精度评价

本书基于分类后的土地利用类型随机生成若干检验点，建立混淆矩阵对分类结果进行分析判读，通过计算总体分类精度、用户精度、生产者精度和 Kappa 系数等评价分类结果。由于前期野外调查获取的数据点有限，本书同时结合 Google Earth 数据作为参考验证检验样本的真实地物类别，得到 8 期土地利用总分类精度均在 87% 以上，Kappa 系数均大于 0.85，满足分类精度的要求，可以为后续分析提供良好的数据基础。本书最终得到 1987—2019 年北京市土地利用分类结果如图 3-7 所示。

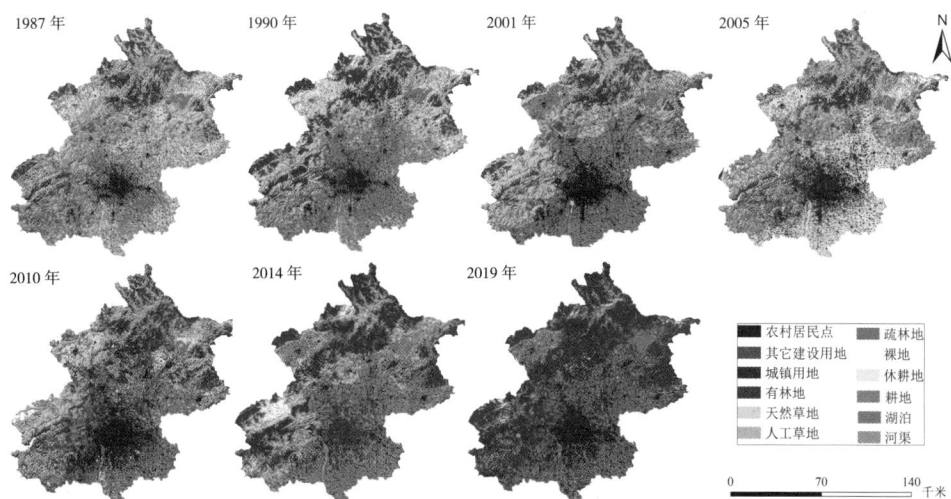

图 3-7   北京市 1987—2019 年土地利用分类

（二）统计年鉴、公报等

本书中所用的北京市社会经济数据主要来源于《北京市统计年鉴》（1985—2020 年）[①]《中国统计年鉴》（1985—2020 年）[②];北京水资源、水环境等数据主要来源于《北京市水务统计年鉴》（2017—2019 年）[③]《北京水资源公报》（2001—2019 年）[④] 等。

[①]　http://nj.tjj.beijing.gov.cn/nj/main/2020-tjnj/zk/indexch.htm

[②]　http://www.stats.gov.cn/tjsj/ndsj/

[③]　http://swj.beijing.gov.cn/zwgk/swtjnj/

[④]　http://swj.beijing.gov.cn/zwgk/szygb/

（三）政策文件

从中华人民共和国中央人民政府[①]、中华人民共和国生态环境部[②]、中华人民共和国自然资源部[③]、中华人民共和国发展与改革委员会[④]、中华人民共和国住房和城乡建设部[⑤]、北京市人民政府[⑥]、北京市规划和自然资源委员会[⑦]、北京市住房和城乡建设委员会[⑧]、北京市生态环境局[⑨]、北京市水务局[⑩]、北京市园林绿化局[⑪]等部门的门户网站，获取到国土空间规划、城市发展规划、国民经济发展规划等相关的政策文件及规划资料。

（四）气象数据

本书选用 CFSR（Climate Forecast System Reanalysis）气象数据库及北京站、密云站、延庆站 1980—2019 年的气象日值数据（包括降水量、最高最低气温、平均相对湿度、平均风速和太阳辐射等）计算 SWAT 模型的气象参数。其中，CFSR 数据库为美国国家环境预报中心（NCEP）利用全球预报系统（Global Forecast System）反演的数据同化产品，[⑫]具有精度高、可利用强的优点，已有研究表明该数据库在 SWAT 模型中具有较好的适用性（Dile et al., 2015；胡胜等，2016）。北京站、密云

[①] http://www.gov.cn/index.htm

[②] http://www.mee.gov.cn

[③] http://www.mnr.gov.cn

[④] https://www.ndrc.gov.cn

[⑤] http://www.mohurd.gov.cn/index.html

[⑥] http://www.beijing.gov.cn

[⑦] http://ghzrzyw.beijing.gov.cn

[⑧] http://zjw.beijing.gov.cn

[⑨] http://sthjj.beijing.gov.cn

[⑩] http://swj.beijing.gov.cn

[⑪] http://yllhj.beijing.gov.cn

[⑫] https://hycom.org/dataserver/ncep-cfsr

站及延庆站三个站点的气象资料来源于中国气象数据网，[①] 所有数据均经过了严格的质量控制和检查，可直接用于 SWAT 模型气象数据库的构建。

（五）其他数据

本书用到的数据还包括数字高程模型（Digital Elevation Model，DEM）数据、土壤数据等。其中，DEM 数据来源于 ASTER Global Digital Elevation Model V003[②]；土壤数据来源于 HWSD 数据库（Harmonized World Soil Database）[③]。

此外，本书还选用通县（1985—2019 年）和杨洼（2015—2019 年）两个水文站（图 5-5）的实测径流、蒸发及降水数据用于 SWAT 模型的校正。图 3-8 为通县和杨洼水文站观测径流量与实测降水量，由图可知，两个水文站的观测径流量峰值均与实测降水量峰值有较强的对应关系。

---

① http://data.cma.cn/site/index.html

② https://lpdaac.usgs.gov/product_search/?query=elevation&view=list&sort=title ASTGTM v003

③ http://www.fao.org/soils-portal/soil-survey/soil-maps-and-databases/harmonized-world-soil-database-v12/en/

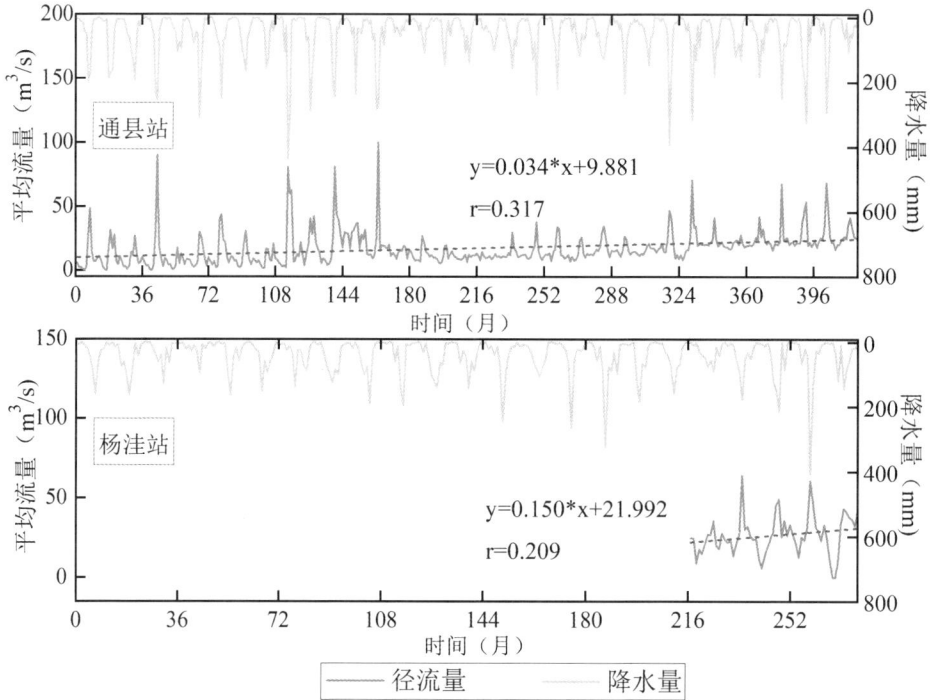

图 3-8　通县站及杨洼站降水及径流变化

第四章

城市空间的演变与生态空间的影响机制分析

　　生态空间、生产空间、生活空间是城市空间基本的功能分类单元，"三生"空间的格局及演变分析有助于城市空间布局的调整优化及生态系统功能的恢复与提升。本书基于土地的多功能属性，通过构建生产、生活、生态功能评分矩阵，选取北运河流域为案例区，识别出流域的生态空间、生活空间和生产空间；通过分析1990—2019年流域"三生"空间格局的时空变化特征，探讨"三生"空间的演变机制，分析生态空间的影响机制，研究结果可以为国土空间功能分类及优化提供基础。

第一节　城市空间的功能分类

　　根据管理需求，目前我国形成了基于《土地管理法》、《土地利用现状分类》(GB/T 211010—2017)、《城市用地分类与规划建设用地标准》(GB50137—2011)、《全国主体功能区规划》、《全国国土规划纲要》(2016—2030)等多种国土空间分类方式，虽然分类重点不同，但目的都是促进国土空间与人、资源环境的协调发展。其中，主体功能区战略通过国土空间结构的调整与优化，实现"三生"功能的协调配置与稳定。

　　与"三生"功能对应的国土空间为"三生"空间，其提出源于党的十八大报告。[①] 其中，生态空间是指具有生态功能、以提供生态服

---

　　① 胡锦涛.坚定不移沿着中国特色社会主义道路前进为全面建成小康社会而奋斗——在中国共产党第十八次全国代表大会上的报告[EB/OL].[2020-10-23]. http://cpc.people.com.cn/18/n/2012/1109/c350821-19529916.html.

务或生态产品为主的国土空间，生活空间指以提供生活及相关服务功能为主（包括城镇生活空间和农村生活空间）的国土空间，生产空间为以生产（包括农业生产、工业生产等）为主体功能的国土空间。基于上述分析，本书认为"三生"空间是城市空间在功能上的划分，在国土空间规划背景下"三生"空间构成了不同尺度空间（如本书中的城市空间）的主体要素，对"三生"空间演变的分析有助于城市空间布局的调整与优化。对北京市而言，《北京市主体功能区规划》将全市国土空间划分为首都功能核心区、城市功能拓展区、城市发展新区及生态涵养发展区，但本书认为，上述四类功能区域可在区域尺度上进一步细化出生态空间、生产空间、生活空间的功能分区，而对"三生"空间的深入分析对促进区域"三生"功能融合具有重要意义。

北运河流域同时包含了首都核心功能区（东城区、西城区）、城市功能拓展区（朝阳区、海淀区、丰台区）、城市发展新区（通州区、顺义区、大兴区、昌平区的平原地区）及生态涵养发展区（延庆区、怀柔区、昌平区的山区部分），是北京市国土空间结构调整的重要区域，对该流域"三生"空间结构和格局的分析，对促进区域"三生"功能的协调稳定具有重要的意义。

第二节　城市空间的识别

本书根据对"三生"空间内涵的理解，基于土地的多功能属性，通过引入"三生"功能评分矩阵，对不同土地利用类型的"三生"功能进行评分，从而实现"三生"空间划分与现有土地利用类型的衔接。"三生"功能评分矩阵以土地的多功能属性为依据，不仅可以反映不同土地利用类型生态功能、生产功能及生活功能的差异，还可以通过对主导功能的识别实现对城市空间的功能分类。该方法在北运河流域的具体应用可以为区域"三生"空间的识别与分类提供参考。

借鉴"三生"空间功能评分矩阵的相关研究成果（陈瑜琦等，2018；武爱彬，2019；杨浩等，2020），结合本书土地利用分类体系对各土地利用类型的生态、生产及生活功能进行 0~5 分的打分，以生态功能为例，0 分意味着生态功能缺失，5 分则代表生态功能最大。本书借鉴的"三生"功能评分的相关研究结果均是在现行《土地利用现状分类》（GB/T21010—2007）的基础上，通过问卷调查与相关科研院所、高校及政府部门专家、学者等打分、修正相结合而确定，具有较高的可信度与学术价值。在确定不同土地利用类型的生态功能时，注意到农业空间中的耕地、园地、池塘等，虽然以提供生产功能为主，但也可发挥一定的生态价值，如耕地在涵养水源、环境美化、防止水土流失等方面的生态功能就逐渐得到重视（李佳等，2010），研究表明年均单位耕地生态价值中营养物循环价值最高（达 67.82%）（邹巧玉等，2020）；同时也注意到城镇空间中的小型公园与绿地、水体等，虽然在现行《土地利用现状分类》（GB/T21010—2007）中属于公共管理与公共服务用地，但仍能提供重要的休憩、美化环境、净化空气等的功能。在本书确定的土地利用分类体系中，人工草地即为城市绿地。因此，本书分别对上述用地类型进行评分，如将有作物耕地和无作物耕地的生态功能分别赋值为 3 和 2。

"三生"功能评分矩阵（表 4-1）确定后，在 ArcGIS 软件中对解译好的 30 m 土地利用分类数据按照表 4-1 的评分值对北运河流域 1990—2019 年的"三生"空间（功能评分 >3）进行提取及重分类，生成栅格图像并进行可视化表达。根据"三生"功能评分结果，本书确定在现有土地利用类型中，耕地（包括有作物耕地和无作物耕地）及其他建设用地属于生产空间；建设用地中的城镇用地和农村居民点属于生活空间；林地（包括林地和疏林地）、草地（包括天然草地和人工草地）、水域（包括水库坑塘及河流等）及其他用地中的裸土岩质地等属于生态空间。根据上述"三生"空间划分结果，通过提取对应的土地利用类型，实现对"三生"空间的划分。

表 4-1　"三生"功能评分矩阵

一级地类	二级地类	生态功能	生产功能	生活功能
耕地	有作物耕地	3	5	0
	无作物耕地	2	4	0
林地	林地	5	1	0
	疏林地	4	0	0
草地	天然草地	5	2	0
	人工草地	4	1	0
水域	水库、坑塘等	4	1	1
	河流	5	1	0
建设用地	城镇用地	0	3	5
	农村居民点	1	3	5
	其他建设用地	0	5	2
其他用地	裸土岩质地等	5	0	0

第三节　城市空间结构分析方法

依据景观生态学的基本观点，本书认为城市空间是由生态空间、生产空间和生活空间在空间上镶嵌组合而成，进而将"三生"空间视为具有一定空间结构的、大小不同、形状各异的斑块；将"三生"空间组成的城市空间整体视为景观。基于上述认识，本书通过选取斑块数量、斑块密度、最大斑块占比、聚集度、分离度、周长－面积分维等 6 个指标来表征"三生"空间的结构特征；选取香农多样性指数、修正 Simpson 均匀度指数及蔓延度指数 3 个指标表征城市空间整体的结构特征。上述各指数的计算公式详见文献。[1][2] 本书城市空间及"三生"空间结构指数的计算主要在 Fragstats 4.2 中进行，Fragstats 为目前应用最广泛的景观格局分析软件，可用于任何空间现象格局指数的计算。

第四节　城市空间的演变分析

本书从"三生"空间的构成、结构、规模、分布等方面分析 1990—2019 年北运河流域"三生"空间的格局变化特征，进而探析"三生"空间的演变机制。其中，"三生"空间构成的分析主要从组成"三生"空间的各土地利用类型的变化方面展开。

一、北运河流域城市空间的构成

基于土地利用分析北运河流域"三生"空间组成要素的变化特征，图 4-1 显示了 1990—2019 年北运河流域土地利用变化情况，可以看出北运河流域在 1990—2019 年各土地利用面积变化显著，表现为建设用

---

①　郑新奇，付梅臣 . 景观格局空间分析技术及其应用 [M]. 北京：科学出版社，2010.
McGarigal K. Fragstats help[Z]. Amherst: 2015.

②　McGarigal K. Fragstats help[Z]. Amherst: 2015.

地、林地及其他用地面积增加，耕地、草地、水体面积减少。图 4-2 为 1990—2019 年流域各土地利用类型面积占比变化情况，也可以看出北运河流域从以耕地为主逐渐发展为以建设用地为主。

对比 1990 年和 2019 年的土地利用变化情况发现，流域建设用地面积由 822.59 km² 逐渐增加到 1425.59 km²，增加了 73.31%。这一趋势在前 20 年（1990—2010 年）尤其明显，以年均 3.69% 的速率递增；但 2010 年后建设用地面积从 1460.15 km² 减少到了 1425.59 km²，减少了 2.37%。耕地面积总体减少，但其变化趋势同建设用地刚好相反，从 1990 年到 2010 年呈不断减少的趋势，2010 年后呈增加趋势。具体来说，1990 年耕地面积为 1640.10 km²，占流域总面积的 48.16%，2019 年耕地面积减少到 954.84 km²，减少了 41.78%；在 2010 年之前，耕地面积平均每年减少 2.13%，但在 2010—2019 年耕地面积年均增加 0.48%。林地面积从 1990 年的 414.32 km² 增加到 2019 年的 816.04 km²，增加了 75.40%；草地面积则从 1990 年的 350.34 km² 减少到 2019 年的 150.61 km²。

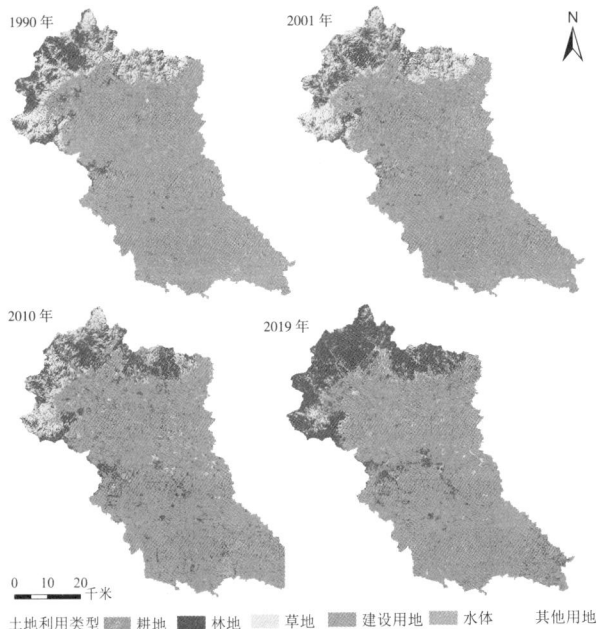

图 4-1　1990—2019 年北运河流域土地利用变化

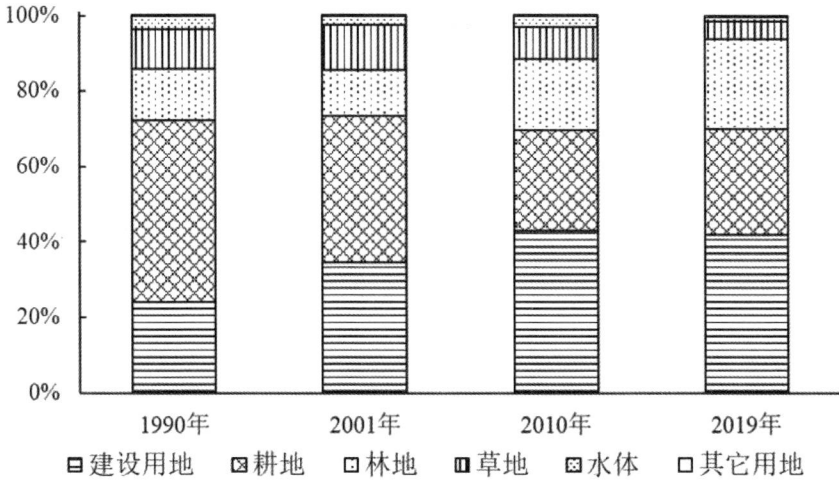

图 4-2　1990—2019 年北运河流域各土地利用面积占比变化

表 4-2 详细展示了北运河流域 1990—2019 年土地利用变化情况，可以看出在六种土地利用类型中，耕地和建设用地的转入转出变化最显著。具体来看，1990—2001 年间流域耕地流失较多，主要转化为建设用地；林地和草地面积减少，其原因在于二者之间的转换率较高，这可能与遥感影像获取时间有关；水体面积减少，主要流向耕地和建设用地。1990—2010 年建设用地面积扩张明显，根源是耕地和林地的转入，林地则大部分流向草地和耕地，水体主要转为建设用地和耕地，其他用地的自身转化率由 0.31 km^2 下降到 0.01 km^2。总体来看，1990—2019 年大量耕地流向建设用地导致了耕地面积的减少。

表 4-2 北运河流域 1990—2019 年不同时间段土地利用转移矩阵（单位：km²）

		耕地	林地	草地	建设用地	水体	其他用地	总计
1990—2001年	耕地	1109.44	75.38	49.16	384.72	20.76	0.63	1640.10
	林地	61.02	260.69	107.92	31.64	3.43	0.54	465.25
	草地	43.88	57.63	243.79	3.94	0.4	0.71	350.34
	建设用地	77.42	15.09	6.2	719.65	3.83	0.41	822.59
	水体	33.83	4.65	0.95	33.25	49.96	0.02	122.67
	其他用地	0.91	0.99	1.8	0.49	0.01	0.31	4.52
	总计	1326.5	414.43	409.83	1173.68	78.39	2.63	3405.47
	占比	38.95	12.17	12.03	34.46	2.3	0.08	—
1990—2010年	耕地	712.23	173.41	42.74	659.35	51.91	0.46	1640.10
	林地	58.46	295.56	68.29	36.39	6.23	0.33	465.25
	草地	59.57	113.12	168.02	8.13	1.37	0.13	350.34
	建设用地	55.12	51.94	5.09	702.63	7.71	0.09	822.59
	水体	19.09	11.78	1.43	52.9	37.44	0.04	122.67
	其他用地	2.01	0.58	1.13	0.75	0.04	0.01	4.52
	总计	906.49	646.38	286.7	1460.15	104.7	1.05	3405.47
	占比	26.62	18.98	8.42	42.88	3.07	0.03	—
1990—2019年	耕地	760.29	160.48	53.95	644.64	14.8	5.95	1640.10
	林地	50.89	356.57	15	38.48	2.6	1.71	465.25
	草地	21.98	247.81	67.46	9.49	0.62	2.97	350.34
	建设用地	86.6	40.17	9.37	682.09	3.15	1.2	822.59
	水体	34.7	9.76	3.12	50.11	24.91	0.06	122.67
	其他用地	0.38	1.25	1.7	0.77	0.03	0.39	4.52
	总计	954.84	816.04	150.61	1425.59	46.1	12.28	3405.47
	占比	28.04	23.96	4.42	41.86	1.35	0.36	—

由上述分析可知，耕地面积的减少是流域土地利用变化的关键。与流出比例相比，耕地流入比例小，难以弥补其总量的减少。建设用地面积在 1990—2019 年间增加了 73.31%，且这种趋势在 1990—2010 年尤其明显，以年均 3.69% 的速率递增，侵占耕地和水体显著。林地面积持续增长，尤其是 2014 年以后，大量林地、草地和未利用地的转入及林地转出量的减少导致了林地面积的增加。

二、北运河流域城市空间的结构

对"三生"空间结构变化的分析主要从两方面展开：一是将生态、生产、生活空间作为斑块详细分析其形状、面积等变化特征；二是对由"三生"空间构成的流域城市空间整体的结构变化特征进行分析。

图 4-3 表明了"三生"空间不同结构指数的在不同年份的变化特征，其中，斑块数量指的是组成生态、生产、生活空间所有斑块的数目，数值越大，说明斑块越多。由图可知，"三生"空间中生态空间的斑块数要多于生产空间和生活空间，这可能是因为生活空间主要呈团块状聚集，而生产空间和生态空间大多被生活空间分割从而导致小斑块较多。并且可以发现，生活空间面积越大，斑块数越少；这种情形对生态空间和生活空间来说则相反，即二者面积占比越小，其斑块数越多。这进一步验证了生活空间集聚分布的特征，说明生活空间面积的增加伴随的是分布越来越集中，斑块数随之减少。相反，生活空间的扩张挤占了原先的生产空间和生态空间，导致其斑块数增加，破碎化程度变大。斑块密度也能反映出这种趋势，其值越大，说明斑块的空间异质性越大，破碎化程度越高。从图 4-3 中"三生"空间的斑块密度变化情况可以看出，生活空间面积越大，其斑块密度越低，而生态空间和生产空间面积越小，其斑块密度越高。针对生活空间扩张表现出的破碎度下降、聚集度上升的特征，相关研究也得到了一致的结

果。研究表明，建设用地的形态在城市扩张的过程中会经历"集聚—扩散"的交替变化过程，随之表现出的是景观格局的同质化倾向（车通等，2020）。

最大斑块占比反映的是"三生"空间中的最大斑块占该空间类型总面积的比例。由图4-3可知，生态空间中最大斑块占比总体变化不大，这是因为生态空间主要分布于北部山区，受人类活动扰动程度相较于平原区低，因此其最大斑块占比总体保持稳定。但生产空间最大斑块占比在1990年最高，这是因为在1990年生产空间面积最大且分布最连续，后期由于受到生活空间的侵占，其面积占比减少，进而导致其最大斑块占比呈现出减少的趋势。相反，生活空间面积的增加在2010年达到最大值，因此其最大斑块占比在2010年最高。从图4-3也可以看出这种变化趋势，1990年生产空间分布最为连续，而后逐渐破碎化；生活空间以东城区和西城区为中心逐渐向外围扩张，并在2010年达到最大值。上述分析说明，生产空间和生活空间最大斑块占比与其面积占比变化基本一致，面积越大，其最大斑块占比越大。但二者在时间进程上是完全不同的，对于生活空间而言，其扩张的中心是在东城区和西城区，其面积越大，最大斑块占比越大（2010年）；而对于生产空间，其面积最大值和最大斑块占比均出现在1990年，而后随着不断被侵占，其面积减少的同时结构也逐渐破碎化，进一步导致了最大斑块占比的降低。此外，"三生"空间最大斑块占比的变化幅度，也可以反映出生活空间和生产空间受人类活动干扰的强度要高于生态空间。

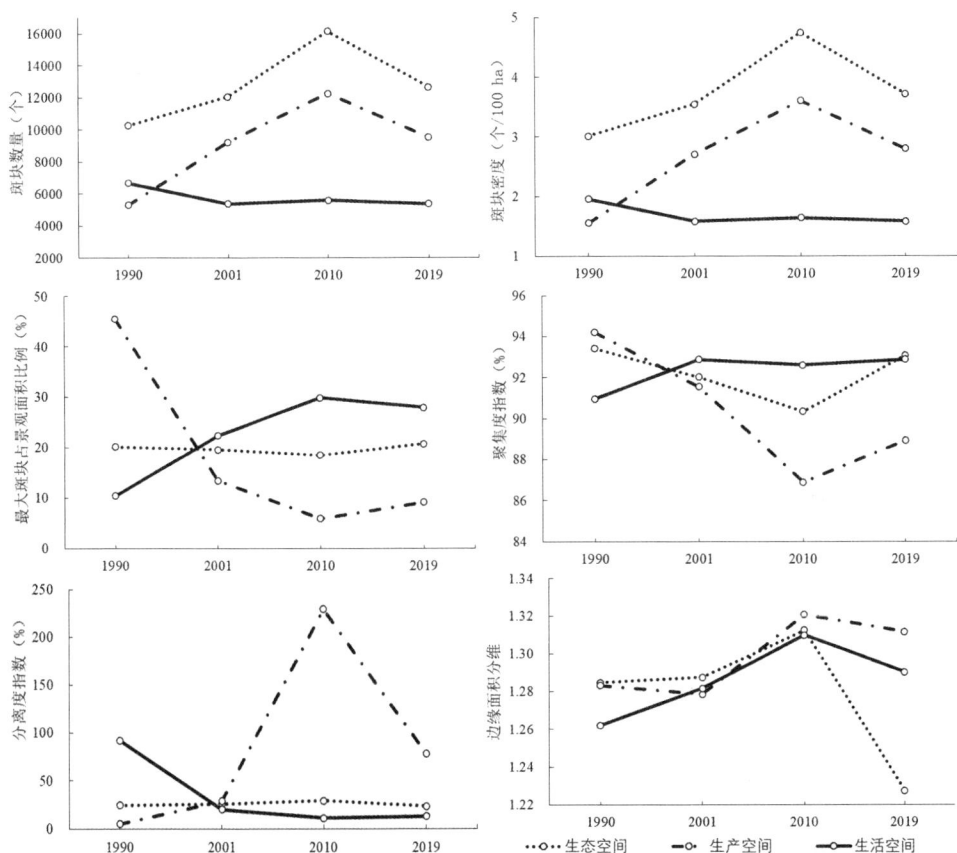

图 4-3　1990—2019 年北运河流域"三生"空间结构变化

　　最大斑块占比在一定程度上表征了"三生"空间的集中分布情况，聚集度指数也能反映出"三生"空间的聚集程度，由图 4-3 也可以看出聚集度指数和最大斑块占比的变化趋势总体一致。进一步分析发现，生产空间面积越大，其聚集度越高；而生活空间聚集度与面积变化趋势具有不一致性，生活空间聚集度最高值出现在 2001 年，而其面积最大值出现在 2010 年，这说明生活空间虽然在 2010 年面积最大，但其分布相对分散。值得注意的是，生态空间的聚集度在 2010 年也出现了明显的低值，这说明 2010 年流域内生态空间在面积最大的情况下出现了破碎化的特征，从斑块数量和斑块密度的变化特征也能验证生态空间的这种变化趋势。另一方面，生态、生产、生活空间三者的聚集度指数对比情况，也可以说明研究区主导空间类型的变化情况。1990 年生产空间聚集度指数最大，说明该年份生产空间在流域占有绝对优势。从图 4-6 也可以看出，1990 年生产空间的分布最广、面积最大；其后生活空间逐渐成为主导的空间类型，生态空间则在 2010 年表现出了最差的聚集度。

上述两个指标反映了"三生"空间集中的程度，分离度指数则反映了"三生"空间的分离程度，其值越大，斑块越分散，破碎化程度越高。由图 4-3 可知，生产空间的分离度指数在 2010 年为明显的最大值，这说明生产空间在 2010 年受人类活动影响最大，导致其分离程度最大。进一步分析其原因发现，正是生活空间的显著扩张改变了生产空间的分布格局，导致其在流域内的分布非常分散。相反，生活空间在 2010 年面积最大，团聚程度最高，因此其分离度指数在 2010 年为最低。从生产空间和生活空间分离度指数的变化幅度可知，生产空间受人类活动扰动的影响要远远高于生活空间。相比之下，生态空间的分离度指数总体变化不显著，这与其分布相对集中有关，但仍能看出在 2010 年出现了小幅度的高值，这说明生态空间在 2010 年分布相对较零散，呈现出破碎化的特征。

周长－面积分维度可以表示"三生"空间形态的复杂程度，其值介于 1 和 2 之间，值越大说明几何形状越复杂，自相似性越弱。从北运河流域"三生"空间 1990—2019 年的周长面积分维度指数变化趋势可知，"三生"空间的周长－面积分维度指数均在 1.23 到 1.32 之间，相差不大；2010 年形成了明显的极大值点，1990—2010 年呈上升趋势，2010—2019 年呈显著的下降趋势，这说明"三生"空间的几何形态在

1990—2010年间逐渐趋于复杂,而2010年之后则呈现出简单化的趋势。尤其是生态空间的周长面积分维度指数在2019年下降明显,说明2019年生态空间的几何形态渐趋于稳定。

总体来看,生产空间和生态空间的斑块密度、斑块数量、分离度指数及周长—面积分维数均在2010年达到最大值,而其最大斑块占比及聚集度均在2010年为最小值,这说明生产空间和生活空间的破碎化程度均在2010年增强,整体性下降。与此相反,生活空间以东城区和西城区作为中心逐渐向外围扩张,因而其分离度指数在2010年表现为最低值,周长—面积分维数及最大斑块占比均在2010年表现为最高值,而其斑块数量、斑块密度等并没有表现出一致性,这说明2010年生态空间的结构与其绝对优势面积比例不一致,呈现出了破碎化的特征。

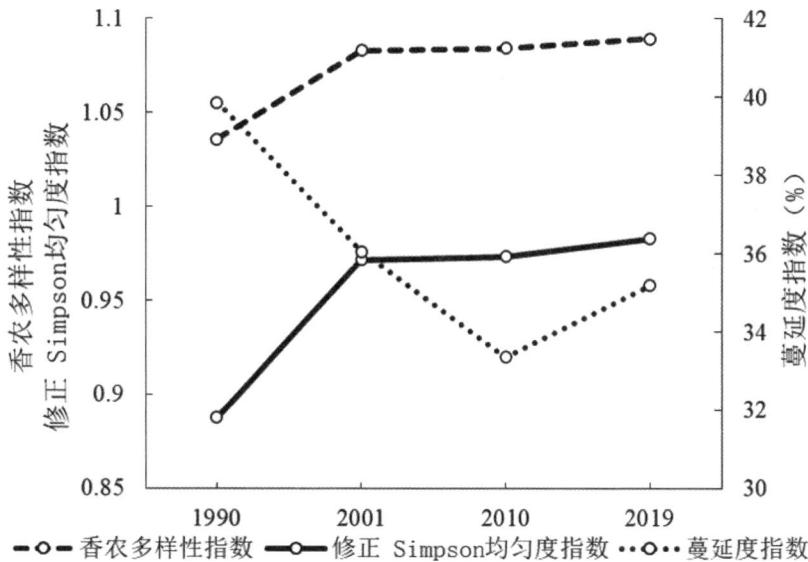

图4-4　1990—2019年北运河流域城市空间结构变化

图4-4表示北运河流域1990—2019年城市空间的结构变化情况,可以看出1990—2019年间北运河流域城市空间的结构发生了显著的变

化。首先香农多样性指数对"三生"空间的非均衡分布状况较为敏感，"三生"空间内部斑块越多，其所包含的不确定性信息含量也越大，因而香农多样性指数越高。流域城市空间的香农多样性指数由1.04增加到1.09，这说明在研究区土地利用类型不变的情况下，"三生"空间斑块类型和数量增多，反映了"三生"空间破碎化程度的增加。香农多样性指数还可以表示出城市空间由主要的空间类型控制的程度，随着其值的增加也进一步说明了"三生"空间各斑块类型面积在流域景观中的面积占比相当，呈现出均衡化的趋势。

修正Simpson均匀度指数由1990年的0.89增加到2019年的0.98，这说明流域内"三生"空间斑块分布均匀程度总体来看并不高，并且"三生"空间类型之间差异变大。此外，蔓延度指数能够描述城市空间中生态、生产、生活空间等不同空间类型的团聚或延展程度，其值在0~100之间，当蔓延度指数为0时，说明各空间类型极度分散；当取值为100时，说明所有空间类型在空间上最大程度地聚集。由研究区城市空间的蔓延度指数变化可知，其值总体呈下降趋势且在2010年达到最低，这说明流域内"三生"空间斑块由聚集变为分散，反映了其破碎化程度升高、空间异质性增加。破碎化反映的是受自然和人为因素共同作用的影响，不同城市空间类型由完整、简单向分裂、复杂的变化过程。上述研究结果也进一步说明了2010年流域"三生"空间的结构组成最为复杂，人类活动的强度和范围对其影响最大。总体来看，流域内城市空间的结构变化在1990—2010年间变化幅度更为显著，2010年后变化幅度变小。

三、北运河流域城市空间的规模

北运河流域从以生产空间为主（1990年、2001年）逐渐发展为以生活空间为主（2010年、2019年）（图4-5）。具体来看，1990年流域生产空间面积占流域总面积的 50.12%，生态空间面积占 27.68%，生活空间面积占比最小，仅为 22.20%；相对于 1990 年，2001 年生产空间面积占比减少到 40.96%，生态空间面积占比减少到 26.58%，但生活空间面积占比却增加了 10.25%；2010 年生活空间面积持续增加，占到流域总面积的 41.32%，生活空间面积扩张的后果是导致了生产空间面积的大幅缩小，2010 年流域内生产空间面积仅占到了流域总面积的 28.18%，相较于 1990 年其占比减少了 21.94%，但生态空间面积有所增加，占比增加到 30.5%；2019 年，生活空间面积相较于 2010 年有所减少，占比为 39.77%，生产空间的面积相较于 2010 年有所增加，增加了 1.95%%，生态空间面积小幅度减少。上述分析进一步说明北运河流域生活空间扩张、生产空间面积减少的趋势在 2010 年左右达到极大值，到 2019 年这种趋势有所缓解，"三生"空间的面积占比趋于均衡。

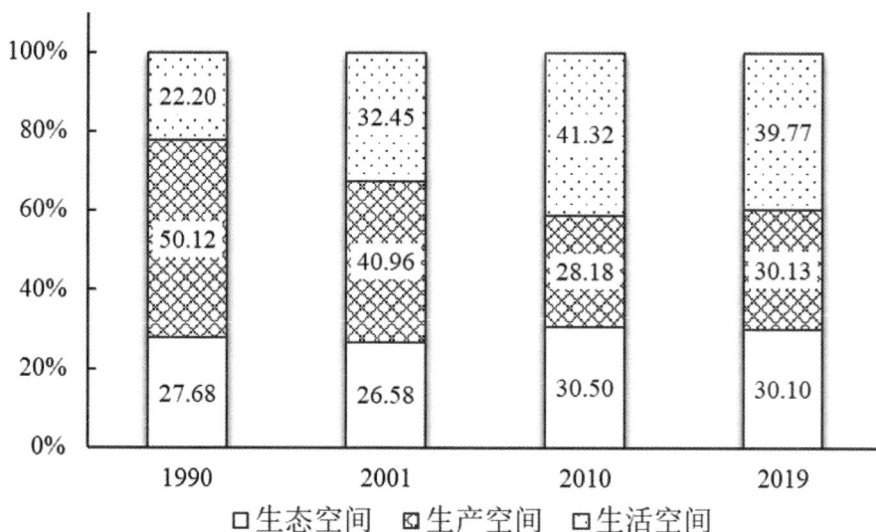

图 4-5　1990—2019 年北运河流域"三生"空间面积占比变化

　　进一步分析流域"三生"空间转移矩阵（表4-3）可知，北运河流域"三生"空间在1990—2019年间经历了非常剧烈的转入转出过程，并且各类型间的相对转移量较大。具体来看，1990—2001年期间有208.96 km^{2}的生态空间转为生产空间和生活空间，与此同时仅有171.46 km^{2}的生活空间和生产空间转为生态空间。在该时间段内生产空间虽然占比最大，但流失也最严重，共有311.77 km^{2}的生产空间流出，其中有71.15%流向了生活空间。生产空间大量转为生活空间的变化趋势在1990—2010年表现更为显著，在此时间段内共有747.19 km^{2}的生产空间流出，有70.55%流向了生活空间，导致了生活空间面积的急剧膨胀（生活空间面积相比于1990年增加了86.14%），相应的生产空间面积相对于1990年则减少了43.78%。1990—2010年间，生态空间向生产空间的流出量较上一阶段有所减少，但向生活空间的转出量较上一阶段增加了52.37%。同样，1990—2010年生活空间向生态空间的流出量较1990—2001年增加了37.29 km^2，但向生产空间流出量却减少了20.93 km^2。总体来看，1990—2019年生活空间向生态空间和生活空间的转出量相较于1990—2010年均有所减少，但2019年生活空间面积与1990年的相比仍存在681.71 km^{2}的差值，2019年生活空间面积相比于1990年增加了79.17%，相比之下,2019年生态空间面积相较于1990年的仅增加了8.72%。

表 4-3 北运河流域 1990—2019 年不同时间段"三生"空间转移矩阵（单位：km²）

		生态空间	生产空间	生活空间	总计
1990—2001 年	生态空间	733.82	150.47	58.49	942.78
	生产空间	155.00	1169.44	382.30	1706.74
	生活空间	16.46	75.06	664.42	755.93
	总计	905.28	1394.97	1105.21	3405.47
1990—2010 年	生态空间	705.47	148.19	89.12	942.78
	生产空间	279.60	757.23	669.90	1706.74
	生活空间	53.75	54.13	648.06	755.93
	总计	1038.83	959.55	1407.08	3405.47
1990—2019 年	生态空间	735.97	116.03	90.78	942.78
	生产空间	246.91	821.24	638.59	1706.74
	生活空间	42.16	88.74	625.04	755.93
	总计	1025.03	1026.01	1354.42	3405.47

　　总体来看，在 1990—2019 年期间北运河流域生态空间向生产空间转出显著，生产空间向生活空间的转入量最大，相比之下，生活空间向生态空间和生产空间的转出量均较小。结合城市发展过程及特点，上述"三生"空间的剧烈的转入转出变化特征，说明快速的城市化进程导致了北运河流域生活空间的持续扩张，而这种扩张是以大量侵占生产空间为代价，该过程导致生活空间面积的膨胀和生产空间面积的

大幅缩小。

四、北运河流域城市空间的分布

从"三生"空间分布（图4-6）来看，1990—2019年北运河流域从以生产空间为主逐渐发展为以生活空间为主，这与土地利用的变化情况一致。生态空间在西北部山区集中连片分布，在平原区以斑块状或条带状零星分布为主，但从1990年到2019年其规模并未发生显著变化。生活空间呈团块状分布，并以东城区和西城区为中心呈现明显的集聚特征；随着城市化进程的演进，生活空间逐渐向周边地域空间扩张，侵占生产空间明显。生产空间面积在1990年最大，但随后被生活空间大量占用，面积显著减少，分布呈萎缩趋势。

通过上述分析可知，1990—2019年间北运河流域生活空间分布集中，景观破碎度下降，聚集度增加；生产空间和生态空间更多地受到了生活空间的挤占，导致斑块数增加，破碎化程度变大，分布更加零散。值得注意的是，虽然研究区在2010年生活空间和生态空间的面积达到最大值，但与其他年份相比呈现出更明显的破碎化特征和更零散的空间分布特征；而生产空间的面积虽在2010年达到最小值，但其分布更加集中，团聚程度最高。"三生"空间的几何形态在1990—2010年间逐渐趋于复杂，而2010年之后其景观形态呈现出简单化趋势，趋于稳定。总体来看，流域城市空间在1990—2019年间的结构特征表现为"三生"空间斑块数量增多，碎化程度升高，异质性增强。但这种变化特征在1990—2010年间表现更为显著，2010年后变化幅度有所减小。

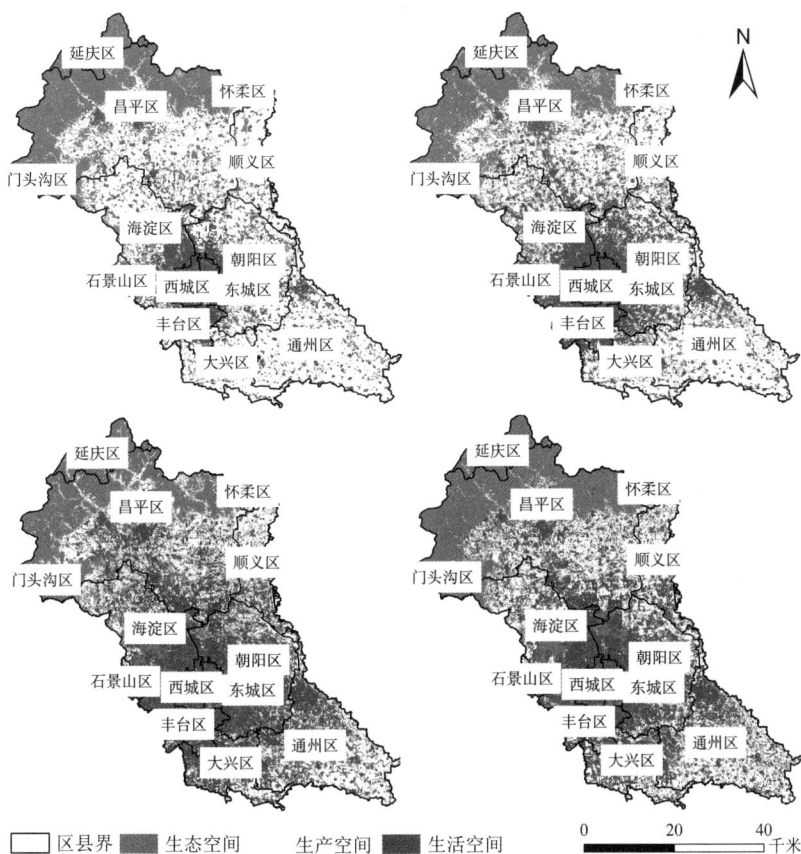

图 4-6 1990—2019 年北运河流域"三生"空间分布变化

五、北运河流域城市空间的演变机制

在上述"三生"空间格局变化特征分析的基础上深入分析"三生"空间的演变机制，发现：（1）生活空间以东城区和西城区为中心逐渐向外扩张，侵占周边地域空间明显，同时表现出一定的集聚特征；生产空间受到生活空间的挤占，面积显著减少，分布逐渐零散；生态空间由于主要分布于山区，规模、结构变化不明显。（2）在演变过程中，生活空间的结构变化特征与生产空间相反：随着生活空间面积的增加及规模的扩张，其结构呈现出破碎度下降、聚集度上升的特点；而生产空间由于受到生活空间的挤占，其面积逐渐萎缩，规模逐渐减小，同时表现出破碎度上升、聚集度下降的特点。从本书"三生"空间变化过程中可以很明显地看出生活空间的扩张对生产空间的挤占，这也导致了生产空间由均匀分布的连续斑块逐渐变为不连续的破碎斑块。生态空间的分布特点决定了其受影响的程度要弱于生产空间，再加上受生态保护相关政策的影响，其面积总体呈增加趋势。（3）虽然在过去的 30 年里人口增长和经济发展导致的城镇建设用地的扩张是北京城市空间演变的主要驱动力（Tian et al.，2014），但近年来随着主体功能区战略等相关政策的发布，对城市空间协调发展的引导作用逐渐增强，基于城市总体规划的宏观调控所发挥的效用逐渐凸显。2012 年《北京市主体功能区规划》发布，要求以 2010 年为基准年对市域国土空间按照功能分区进行优化完善；① 随后在 2017 年发布了《北京城市总体规划（2016—2035 年）》，通过减量发展进一步优化国土空间布局。② 本书中得到的相关结果也可以验证上述政策的成果：在本书中 2010 年是转折点，2010 年之前生活空间扩张显著，生产空间面积减少明显，这是因为在城市快速发展阶段，大规模的耕地向建设用地转化，建设用地扩张明显；2010 年生活、生态空间面积均达到最大值，生产空间面积达到最小值；2010 年之后，到 2019 年"三生"空间不仅面积趋于均衡，破碎化程度也显著降低，这是因为主体功能区战略发布后，大量耕地、草地和未利用地转化成了林地，林地向耕地、草地、建设用地等的转化比例也减少，这些转化最终导致了林地面积的增加。

---

① 北京市人民政府办公厅 . 北京市主体功能区规划［EB/OL］. ［2020-10-22］. http://www.beijing.gov.cn/gongkai/guihua/lswj/yw/201907/t20190701_100164.html.

② 北京市规划和国土资源管理委员会 . 北京城市总体规划（2016 年—2035 年）［EB/OL］. ［2020-2-15］. http://www.beijing.gov.cn/gongkai/guihua/wngh/cqgh/201907/t20190701_100008.html.

第五节　生态空间的影响机制分析

在对北运河流域城市空间演变机制探讨的基础上进一步分析生态空间的影响机制。由上述分析可知，1990—2019 年北运河流域生活空间和生产空间均经历了剧烈的演变过程，生态空间规模缓慢增加的同时，结构表现出了复杂性的特征。但由于生态空间本身具有一定的尺度效应，在城市空间演变过程分析中并不能很详细地评估其生态效应。可以说，单从城市空间功能分类的角度并不能很好地分析生态空间的影响机制。

根据生态系统生态学的观点，生态系统的结构和过程构成了完整的生态系统，并由此产生相应的生态系统服务。北运河流域城市空间的剧烈演变必然使生态系统的结构发生变化，生态系统的完整性遭到破坏，进而影响到其生态系统服务供应能力（图 2-3）。作为生态系统服务的主要来源，生态空间的规模、结构、格局等的演变是生态系统功能与服务变化的重要驱动，这些特征的不同组合也使得流域生态系统功能与服务的变化变得异常复杂。

对于城市空间而言，不同类型区域（如流域、行政区等）的主导生态过程并不一致。但对一个流域而言，区域内最为关键的生态过程即为水文过程，通过水文过程将流域内的自然系统与社会系统相连，将生态系统与人类相连。流域跨越了行政区的界限，是土地利用规划和自然资源、环境可持续管理的逻辑单元，[1] 流域尺度的水生态系统服务提升是区域可持续管理的前提与基础。因此，与水相关的生态系统服务（水生态系统服务），尤其是淡水供应、水调节（如水源涵养）服

---

① François M. River basin management and development[M]//Richardson D, Castree N, Goodchild M, et al. The international encyclopedia of geography: People, the earth, environment, and technology. Oxford: Wiley, 2017:12.

务等的演变就成为流域尺度上的研究重点。基于此，本书依据生态系统生态学的基本原理去深入探讨生态空间的影响机制，基于"结构—过程—功能—服务"的理论思路通过对流域水文过程的模拟，综合分析生态空间对水生态系统服务的影响机理。

第六节 小 结

根据功能分类，城市空间可进一步划分为生态空间、生活空间和生产空间，本书基于土地的多功能属性通过构建"三生"功能评分矩阵以北运河流域为案例区识别并提取了流域的"三生"空间，从组成要素、结构特征、数量规模及空间分布四方面,研究了"三生"空间的演变特征，探讨了"三生"空间的演变机制，分析了生态空间的影响机制。

研究发现 1990—2019 年北运河流域耕地面积大幅减少、建设用地面积迅速扩张、林地面积缓慢增加；流域内"三生"空间经历了明显的变动，集中表现在生活空间以东城区和西城区为中心向周边地域空间的扩张及对生产空间的侵占，使得生产空间面积逐渐萎缩，分布渐趋零，也使得流域从以生产空间为主转变为以生活空间为主；生活空间扩张、生产空间缩小的趋势在 2010 年左右达到高峰，之后有所缓解，到 2019 年流域"三生"空间的面积占比趋于均衡。分析北运河流域"三生"空间的演变机制发现虽然在过去的 30 年里生活空间的膨胀是北运河流域城市空间演变的主要表征，但近年来基于城市总体规划的城市空间宏观调控的效用逐渐突出，流域"三生"空间面积渐趋均衡，结构渐趋稳定。

从整个流域来看，北运河流域"三生"空间经历了剧烈的演变过程，这必然使生态系统的结构发生改变，使得流域内水文过程受到影响，从而影响到水生态系统服务的供给。因此,需要基于"结构—过程—功能—服务"的逻辑框架深入分析生态空间演变对水生态系统的影响机理。

| 第五章 |
水生态系统服务影响机理 I：
关键指数模拟

　　水作为传输媒介对生态系统物质循环、能量流动有着重要的作用，同时，水作为一种资源也与人类福祉紧密相关，与水相关的生态系统服务（水生态系统服务）的提升是实现区域可持续发展的关键。尤其是对水问题突出的北京而言，水生态系统服务的提升不仅是城市发展的重大需求，也是保障其竞争力的关键。由第四章的分析可知，北运河流域作为北京市城市化水平最高的区域，近年来其城市空间经历了较为剧烈的变动过程，因此对该流域水生态系统服务的模拟与评估对促进区域可持续发展具有重要的意义。基于此，本书在水生态系统服务理论分析的基础上以北运河流域为案例区进行实证分析，基于分布式水文模型 SWAT 选取水供给及生态空间的水调节作为关键水生态系统服务类型，通过对关键指数的模拟分析生态空间对水生态系统服务的影响机理。

第一节　水生态系统服务关键指数选取及模拟

　　水生态系统服务，定义宽泛，内涵丰富。鉴于本书的关注点在于城市生态空间对水生态系统服务的影响，因此本书涉及的水生态系统服务与水文循环有关，如水量、水调节等。考虑到北京水资源的紧缺性及水生态问题（如降水集中导致的城市洪涝问题）的严峻性，本书将水供给和水调节作为区域关键的水生态系统服务类型。

需注意的是，在本书中，水供给服务即为区域实际产水量，水调节服务指生态空间的水调节服务（图5-1）。基于MEA对水调节服务的解释，本书认为水调节服务的内涵宽泛，实际包含水质净化、洪水调蓄、径流调节、地下水补给、系统储水潜力等多方面内容。本书的关注点在于生态空间的水调节服务，并尝试从生态空间的水调节量、生态空间对水文过程、地下水补给的影响及生态空间的储水释水潜力等方面来进行探讨。

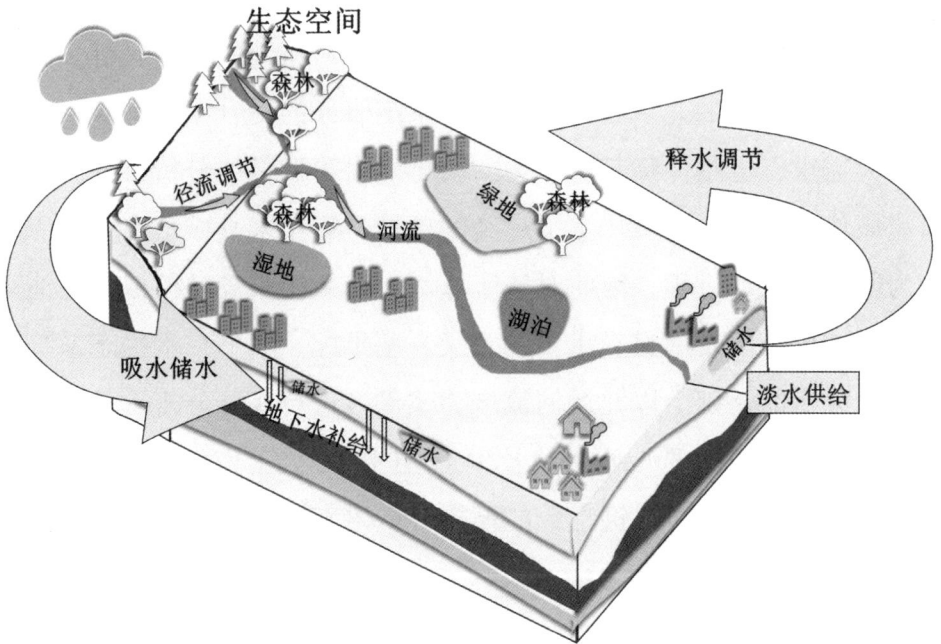

图5-1　水供给和生态空间水调节服务示意图

一、水供给服务

（一）定义

本书基于SWAT模型模拟流域的水文过程，以产水量为依据评价流域的水供给服务。本书中，产水量指的是在扣除通过河床传输的水损失及池塘截留后由子流域进入主河道的总水量，包括地表径流、侧向流和地下径流。

SWAT 模型是美国农业部开发的流域尺度上具有较强物理机制的分布式水文模型（Arnold et al.，2005）。该模型综合考虑了气象、土地利用、土壤、地形等多因素的影响，可模拟产流、产沙、营养物质输移、杀虫剂输移、植物生长循环等过程，尤其适用于地表水及地下水的质量与数量模拟、土地利用预测、土地管理实践和气候变化对环境的影响分析，目前已被广泛应用于流域管理、非点源污染控制、土地规划等领域。SWAT 模拟的水文循环（陆地部分）（图 5-2）以水量平衡方程为基础。

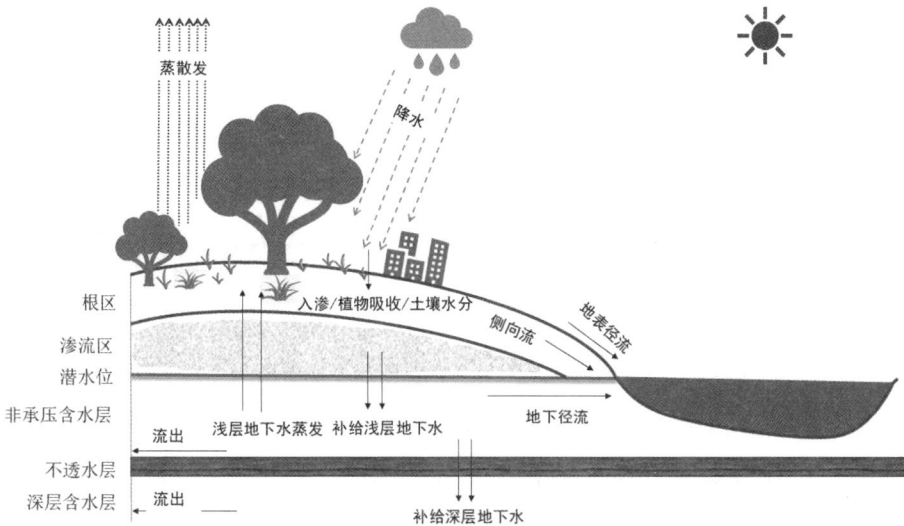

图 5-2　流域主要水文过程示意图

为便于模拟，模型将流域划分为若干子流域，然后根据土壤、植被、坡度等的不同组合进一步划分为水文若干响应单元。水文响应单元的划分使模型能够同时反应不同植被土壤等组合下的物理过程。以产流为例，地表径流从每个水文响应单元开始计算，通过汇总得到流域总地表径流。本书地表径流的计算采用修正的 SCS 曲线数法。

$$SW_t = SW_0 + \sum_{i=1}^{t} \left(R_{day} - Q_{surf} - E_a - w_{seep} - Q_{gw} \right) \quad （式5-1）$$

式中，t 为时间（日）SWt 为第 t 天土壤的最终含水量（mm）SWo 为土壤的初始含水量（mm）。此外，Rday 代表降水量（mm），Qsurf 为地表径流量（mm），Ea 代表蒸散发（mm），Wseep 为透过土壤层进入到包气带的水量（mm），Qgw 代表地下水补给量（mm）。

（二）模型构建

SWAT 模型的构建过程包括了水系提取与子流域划分、水文响应单元生成、气象等参数写入、参数敏感性分析、模型校准和验证等步骤。

1. 水系提取与子流域划分

DEM 是 SWAT 模型运行的基础，用于生成河网水系并构建河道结构的拓扑关系。在进行水系提取时，SWAT 模型基于 Burn in 算法通过导入流域真实河网对原始 DEM 进行修正以缓解可能出现的河网中断、河道偏离等问题。Burn in 算法基于 D8 算法通过中心栅格及与其相邻的 8 个栅格间的最大高程差来标记河网水系。该算法简单且计算效率高，尤其适合山区高程变化较大区域的水系提取，但在平原区坡度较小高程相差不大，从而出现生成的河网水系与实际不符的问题（欧阳威等，2015）。

北京平原地区水系主要由灌渠、引水渠、排水渠、沟渠、运河等组成（图 3-6），这些渠系在很大程度上改变了原始河网的汇流过程，使得流域内水流情况十分复杂。在这种情况下，基于原始 DEM 的水系提取方法难以准确模拟河网分布，图 5-3 为基于原始 DEM 生成的河

网水系与研究区实际水系的对比，可知二者存在很大差别，基于原始
DEM 生成的河网水系不足以精确地表达河道的位置和汇流关系。针对
SWAT 提取的水系与真实情况不符合的问题，通常有几种解决方法：
一是更换为精度更高的 DEM 数据，如马永明等（2019）基于 SWAT
模型和 ALOS World 3D 的 30 m 数字地表模型（Digital Surface Model，
DSM）提取的山区流域水系，可以在很大程度上反映流域水系的真实
情况。该方法虽然能产生较高的识别精度，但往往会花费大量精力。
二是对原始 DEM 进行预处理或对提取结果进行修正处理，已有研究结
果表明该方法生成的子流域与实际情况吻合良好（姜婧婧等，2019）。

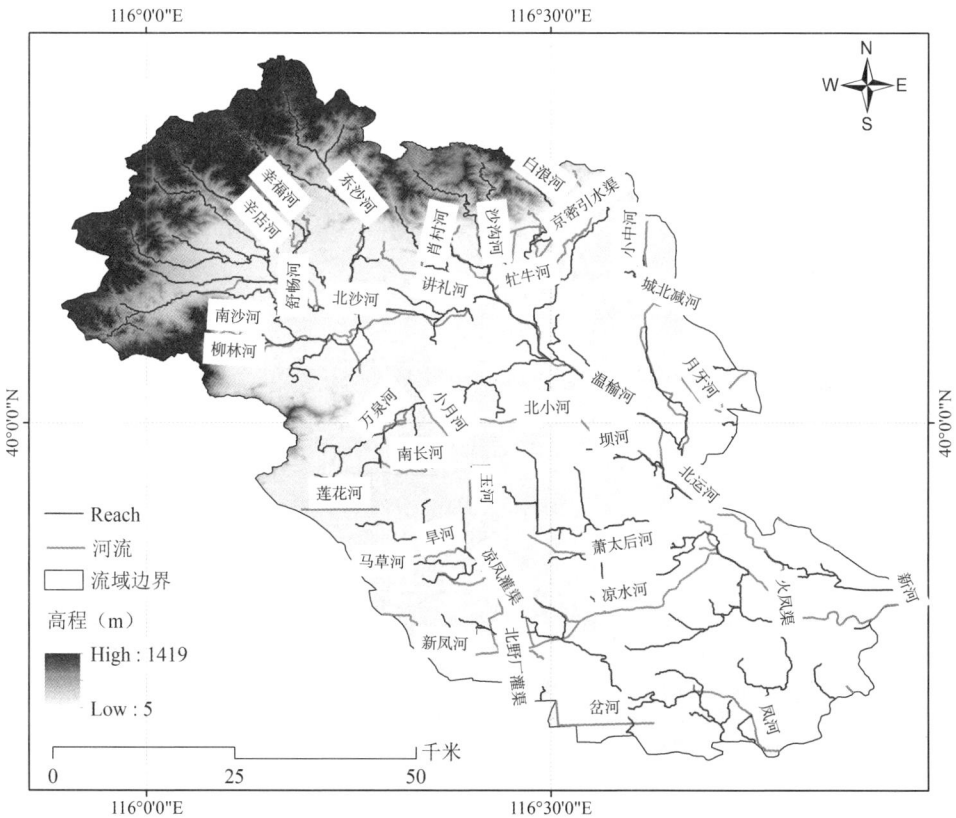

图 5-3　基于 DEM 生成的水系与实际水系对比

考虑到北京平原区水文汇流过程的复杂性，本书基于"Burn in"
算法及"高程增量叠加算法"（Martz et al., 1998）对研究区原始DEM
进行修改：一方面，将天然河道及排水沟渠等所在的高程降低，提高
其汇水能力；另一方面，考虑到输配水渠可以作为天然分水岭的这一
特点（李硕等，2013），人为增加输配渠系的高程作为子流域的边界线。
图5-4对比了基于改进方法生成的水系与研究区实际水系分布，由图
可知相较于原始水系提取结果（图5-3），基于改进DEM生成的河网
分布与真实情况更接近，与实际情况基本吻合。

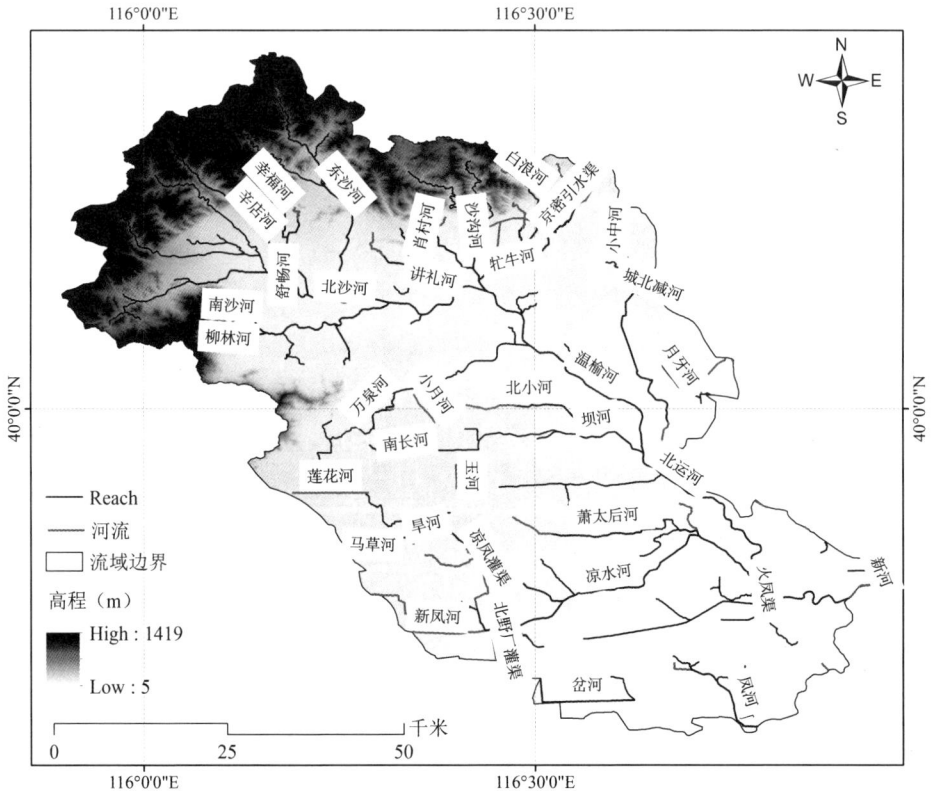

图5-4 基于改进方法生成的水系与实际水系对比

河网水系生成后，进一步将填洼处理过的 DEM 数据以杨洼水文站为流域控制出口进行流域边界的提取。集水区面积阈值直接影响着河流源头、河网密度和形态等，一般情况下，阈值越小，划分的河网越密集（Lin et al.，2020）。本书根据研究需要将最小河道集水面积阈值设置为 1500 ha，最终将流域划分为 135 个子流域（图 5-5），总面积为 3405.47 km^2，其中最大的子流域为 76 号子流域，面积为 111.8 km^2，占比 3.3%；最小子流域为 57 号子流域（0.02 km^2）。

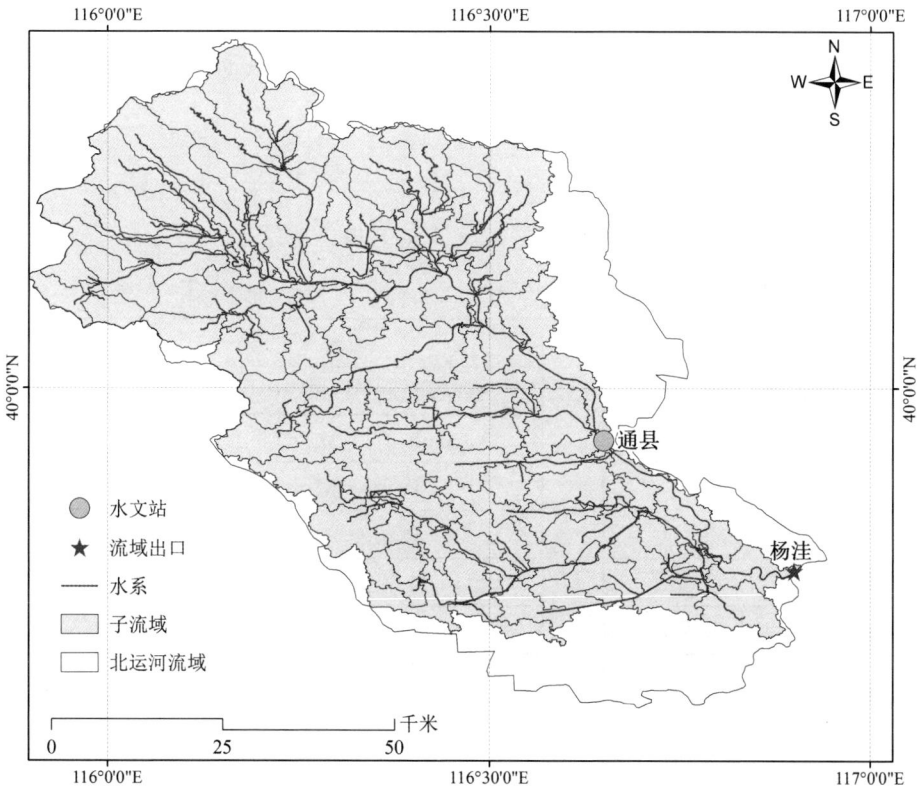

图 5-5　北运河流域水系提取及子流域划分结果

2.气象、土地利用、土壤数据库构建

一般情况下，SWAT 模型要输入日尺度的降水量、最高／最低气温、太阳辐射、湿度及风速等数据。但由于缺乏流域内气象站点日值观测数据，本书基于 CFSR 再分析数据对 SWAT 模型的气象数据库进行构建，同时选取流域周边北京站、密云站及延庆站三个气象站的气象日值数据用以校正。土地利用对产流有重要的影响，本书根据 SWAT 模型的要求将原始土地利用进行重分类，分类结果如表 5-1 所示。土壤数据库主要用于存储土壤空间类型和属性数据（各土壤类型不同土层的土壤理化性质，如土层厚度、饱和导水率等），本书基于 HWSD 构建模型所需的土壤数据库。受气候、植被、母质等自然条件的差异及人类生产活动的影响，北运河水系分区土壤可分为盐化冲积土、简育砂性土等 12 种类型（图 5-6）。

表 5-1　北运河流域土地利用类型信息

土地利用类型		SWAT	
一级编码	二级编码	名称	编码
耕地	有作物耕地	Agricultural Land-Generic	AGRL
	无作物耕地	Agricultural Land-Generic	AGRL
林地	林地	Forest-Mixed	FRST
	疏林地	Range-Brush	RNGB
草地	草地	Range-Grasses	RNGE
	人工草地	Range-Grasses	RNGE
建设用地	城镇建设用地	Residential-High Density	URHD
	农村建设用地	Residential	URBN
	其他建设用地	Industrial	UIDU
水体	河流	Water	WATR
	水库、坑塘	Water	WATR
其他用地	其他用地	Barren	BARR

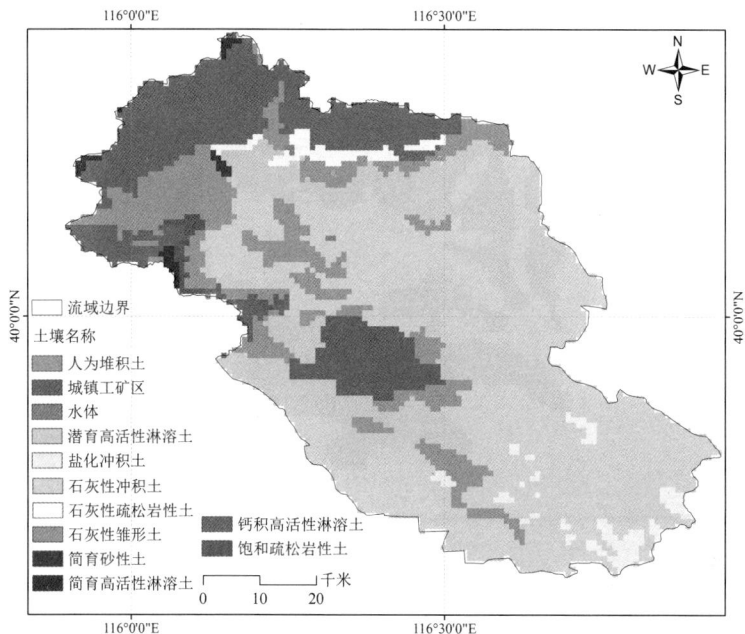

图 5-6　北运河水系土壤类型分布

3. 水文响应单元划分

水文响应单元（Hydrological Response Unit，HRU）是 SWAT 进行水文分析的基本单元。作为独特的大流域离散化方法，HRU 可以更好地识别流域内的局部变化特征（Kalcic et al., 2015）。HRU 划分完成后，SWAT 首先计算每个 HRU 的土壤水、地表径流、泥沙产量等参数，进而汇总计算每个子流域和整个流域的参数（Gassman et al., 2007）。本书根据相关研究结果设置土地利用、土壤及坡度阈值均为 10%（Tamm et al., 2018；Tasdighi et al., 2018），通过土地利用类型、土壤类型和坡度的不同组合定义为不同的 HRU（图 5-7—图 5-10）。其中，1990年子流域共划分 HRU 668 个，2001 年划分为 733 个，2010 年划分为864 个，2019 年划分为 773 个。

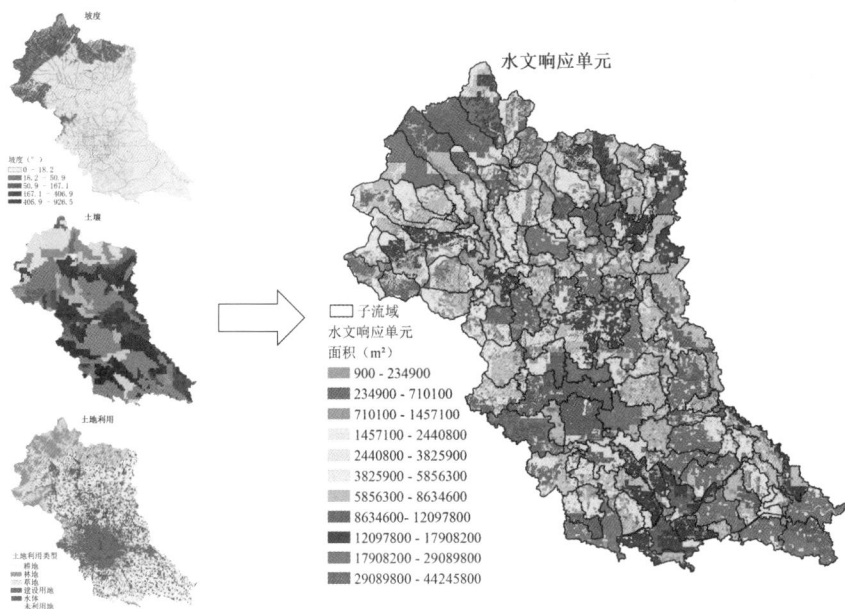

图 5-7 1990 年北运河流域水文响应单元空间分布

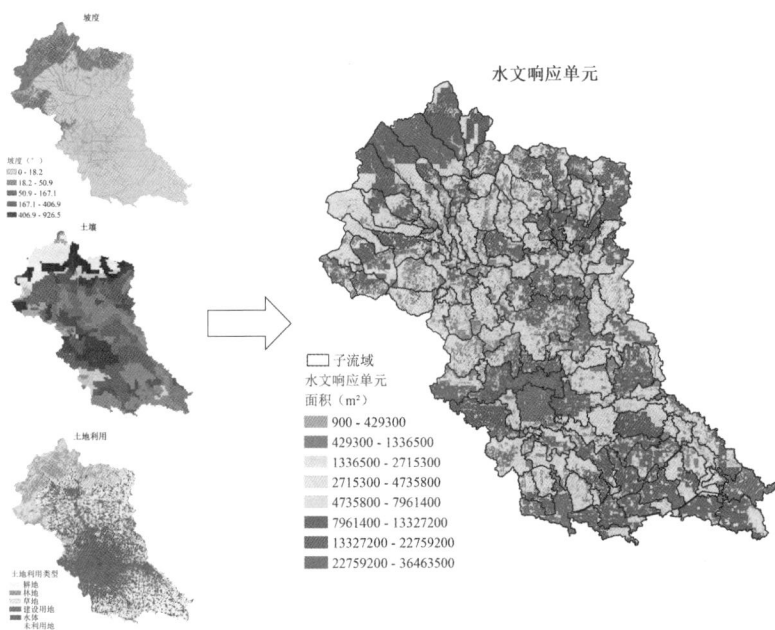

图 5-8 2001 年北运河流域水文响应单元空间分布

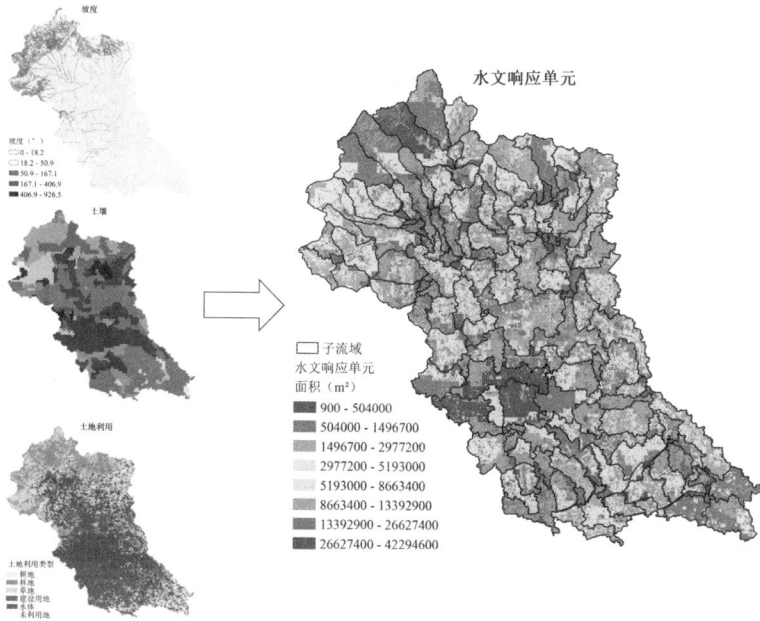

图 5-9 2010 年北运河流域水文响应单元空间分布

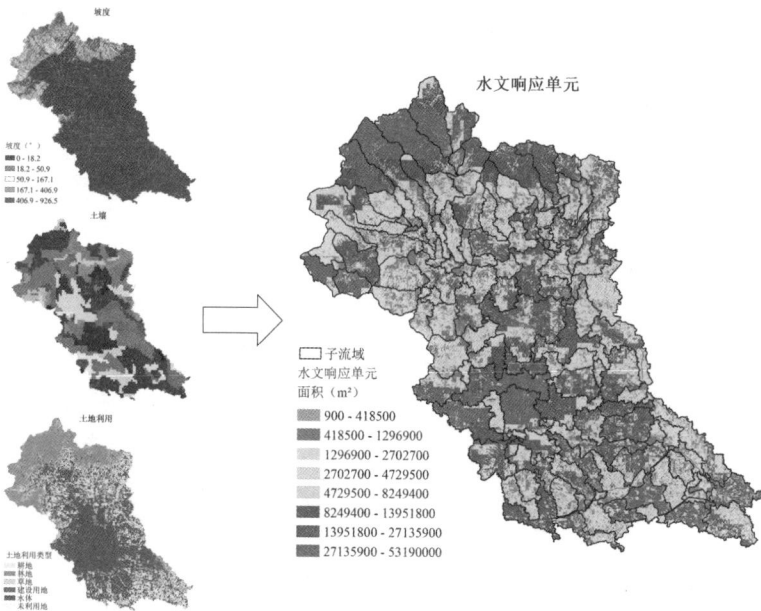

图 5-10 2019 年北运河流域水文响应单元空间分布

4.参数敏感性分析

参数敏感性分析可筛选出对模拟结果影响较大的参数，降低模型的不确定性。本书采用连续不确定拟合算法（SUFI-2算法）作为多目标参数优化模型，[①] 基于SWAT-CUP程序实现对模型参数的敏感性分析，通过R和P两个指标表征模型参数敏感性及敏感性的显著性分析结果。R变化范围在0~+∞之间，其绝对值越大，模型对参数越敏感；P取值范围在0~1之间，值越接近0敏感性越显著。

本书利用SWAT模型和SWAT-CUP程序对通县水文站所在的子流域（第90号子流域）出口的径流进行参数敏感性检验，最终的分析结果及参数取值见表5-2。总体来看，不同年份的敏感参数基本一致，径流曲线数、土壤饱和水力传导度、土壤蒸发补偿系数、地下水滞后系数等参数的P值为最小，R绝对值最高，表明这4个参数的敏感性较高，是影响北运河流域水文过程的主要因子。

---

① Abbaspour K C. SWAT-CUP 2012: SWAT calibration and uncertainty programs—A user manual[R]. Duebendorf, Switz: 2014.

表 5-2 SWAT 模型在不同年份率定期的参数取值

参数	名称	1990 年			2001 年			2010 年			2019 年		
		最佳值	最小值	最大值	最佳值	最小值	最大值	最佳值	最小值	最大值	最佳值	最小值	最大值
r_CN2.mgt	径流曲线数	-0.17	-0.2	0.2	-0.15	-0.2	0.2	-0.14	-0.2	0.2	-0.13	-0.2	-0.1
v_SFTMP.bsn	降雪气温	1.18	-5	5	-0.88	-5	5	-3.45	-5	5	-0.40	-1.54	0.48
v_ESCO.hru	土壤蒸发补偿系数	0.81	0.8	1	0.98	0.8	1	0.99	0.8	1	1.03	0.96	1.04
v_GWQMN.gw	浅层地下水再蒸发系数	1.79	0	2	0.15	0	2	1.21	0	2	0.51	0.44	0.54
v_GW_DELAY.gw	地下水滞后系数	448.95	30	450	230.55	30	450	405.90	30	450	349.51	248	468.86
r_SOL_K.sol	土壤饱和水力传导度	-0.59	-0.8	0.8	-0.68	-0.8	0.8	-0.68	-0.8	0.8	1.34	0.95	1.4
v_ALPHA_BF.gw	基流退水系数	0.97	0	1	0.95	0	1	0.43	0	1	0.02	-0.05	0.1
r_SOL_AWC.sol	土壤有效含水量	0.37	-0.2	0.4	-0.15	-0.2	0.4	-0.09	-0.2	0.4	-0.97	-1.03	-0.6
v_CH_K2.rte	主河道水力传导率	62.81	5	130	97.19	5	130	43.13	5	130	120.45	110.02	144.5
v_CH_N2.rte	主河道曼宁系数	0.23	0	0.3	0.03	0	0.3	0.27	0	0.3	-0.21	-0.25	-0.13
v_GW_REVAP.gw	地下水再蒸发系数	0.01	0	0.2	0.08	0	0.2	0.10	0	0.2	0.01	0.01	0.02

5. 模型验证

SWAT 模型通过不断调整模拟值和验证值之间的误差使其达到最小化而实现对模型的率定，将误差最小时的敏感性参数取值代入模型实现对模拟结果的验证。本书通过 SWAT-CUP 程序对率定结果进行不确定性分析，其中的不确定性指标为 p 和 r，p 指分布于 95% 置信度区间中的模拟值占实测径流值数据的百分比；r 为 95% 置信度区间的平均范围与观测数据标准差的比值，当 p=1、r=0 时表示模型模拟值与实测值相等。一般情况下可通过牺牲 r 来获取较大的 p，因此为获取最优的模拟结果，需要权衡两因子的大小关系，当 p 值大于 0.7 或 r 值小于 1.5 时模型是合格的（Abbaspour et al.，2015）。

将参数的最优取值（表 5-2）代入到 SWAT 模型，进一步计算得到率定期和验证期通县站所在子流域出口径流模拟值与观测值的对比（图 5-11）。可以看出，SWAT 模型基本能模拟出北运河流域的径流过程，但在 1990 年、2001 年及 2019 年模型对径流峰值的模拟能力较差。说明模型能够识别径流趋势，但难以捕捉径流峰值变化，这也是 SWAT 模型的通病（Tan et al.，2020）。从率定期的模拟结果来看，p 值均大于 0.7 表明构建的 SWAT 模型的模拟精度是合格的（Osei et al.，2019），尤其是在 2001 年 p 值达到 0.75，r 值为 1.32，但在验证期虽然 r 值均大于 0.6，仅有 1990 年和 2001 年模拟结果的 NS 值达到了可接受的标准（Moriasi et al.，2015；Tan et al.，2020）。2010 年和 2019 年验证期的模拟结果差于模拟期，这可能与验证期数据不足有关，也有研究得到了类似的结果，如 Bacopoulos et al. 在模拟洪水过程时得到模拟期和验证期的 NS 值分别为 0.85 和 0.45（Bacopoulos et al.，2017）。

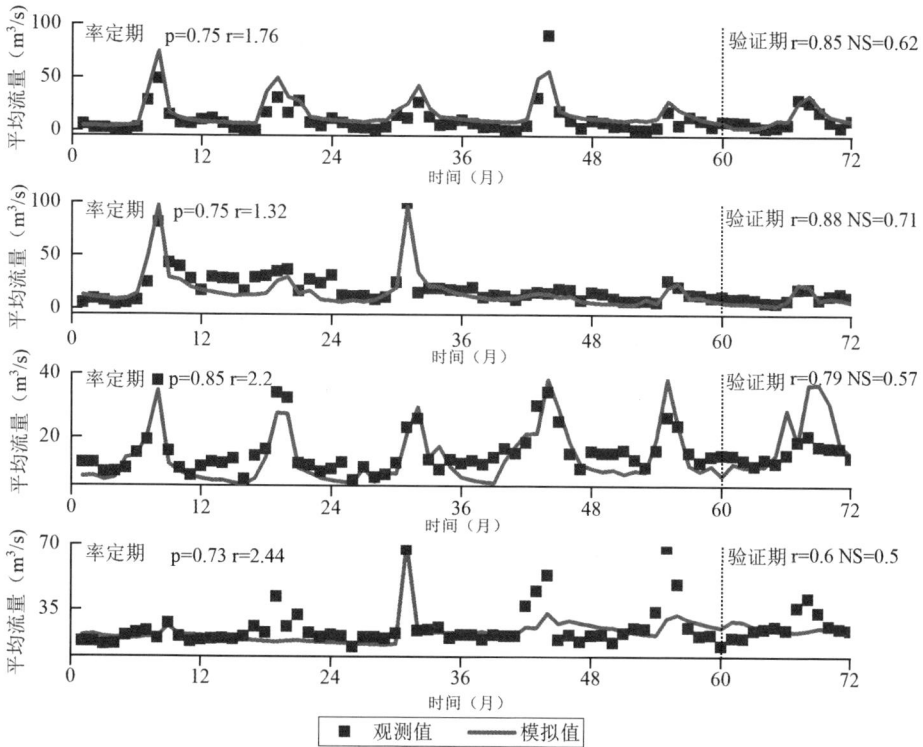

图 5-11　SWAT 模型率定期和验证期径流模拟值与实测值对比

二、生态空间的水调节服务

从生态空间的水调节量、生态空间对流域水文过程、地下水补给、径流调节的影响及生态空间的储水释水潜力等方面综合评价其水调节服务。

为计算北运河流域生态空间的水调节量，以流域实际有生态空间情景为基准情景，以裸露无植被覆盖条件（生态空间退化为裸地）作为极度退化的模拟情景，基于构建的 SWAT 模型分别对基准情景和模拟情景进行水文过程模拟及产水量计算。其中，实际有生态空间条件下的产水量为不同年份实际土地利用条件下的产水量；生态空间极度退化情景的产水量是将流域内森林、灌木林、草地、水体等生态空间设置为裸地的极端情景下的产水量，两种情景的差值即为生态空间的水调节量，水调节量总量大小为计算的水调节量的绝对值总和。

本书中，生态空间对水文过程的影响主要指生态空间对流域蒸散发、地表径流、地下径流、壤中流、土壤水分等主要水文过程的影响。径流调节是指生态空间的存在或变化对地表径流、地下径流、壤中流的主河道贡献量的影响。

本书中，生态空间的储水（生态空间通过截留等储存在系统内部的水，即水源涵养）和释水（生态空间产出的水）潜力即普遍认为的生态系统在汛期涵养水源而非汛期补枯（产水）的能力。在计算中以计算的水调节量为依据，若水调节量为正值，即生态空间极度退化情景下的流域产水量高于实际有生态空间条件下的产水量，为生态空间涵养的水量，代表其储水潜力；水调节量 =0，即生态空间极度退化情景下的流域产水量与实际有生态空间条件下的流域产水量相等，说明降水全部用于生态空间自身的消耗（植物吸收、蒸腾等）；水调节量为负值，即有生态空间条件下的流域产水量高于生态空间极度退化情景下的产水量，代表其释水潜力。

第二节　水生态系统服务关键指数时空动态分析

一、北运河流域水供给服务变化特征

（一）总产水量

由北运河流域 1990—2019 年各年份产水量总量变化（图 5-12）可知，不同年份流域产水量年际变幅较大，总体呈减少趋势。其中，1990 年流域产水量最大（1.18×10^{12} m³）；2019 年流域产水量最少，仅为 3.36×10^{11} m³，1990—2019 年产水量变化幅度为 8.48×10^{11} m³；2001 年流域共产水 3.67×10^{11} m³，比 1990 年减少了 68.98%；2010 年流域产水量为 7.05×10^{11} m³，比 1990 年减少了 4.79×10^{11} m³，比 2001 年增加了 91.88%。对比流域产水量与降水量的变化可知，1990—2019 年间年降水量与产水量的变化趋势一致，但降水量的变化幅度（年均

减少 2.34%）要小于产水量（年均减少 1.22%）。本书得到的结果同相关研究一致，如潮白河流域 2010—2015 年产水量总体减少（Li et al., 2021）的这一结论在一定程度上验证了本书结果的可靠性，这可能与北京市生态空间面积增加有关。Yang et al.（2021）的研究也表明松花江流域 2000—2015 年总产水量从 1.37×10^{12} m³ 减少到 1.36×10^{12} m³；但也有研究显示湘江流域产水量受城镇化和耕地面积扩大的影响呈增加的趋势（1980—2015 年）（Liang et al., 2021；Deng et al., 2021）。由上述分析可知，产水量变化存在区域差异的主要原因可能是区域土地利用、气象等组合条件的不同。

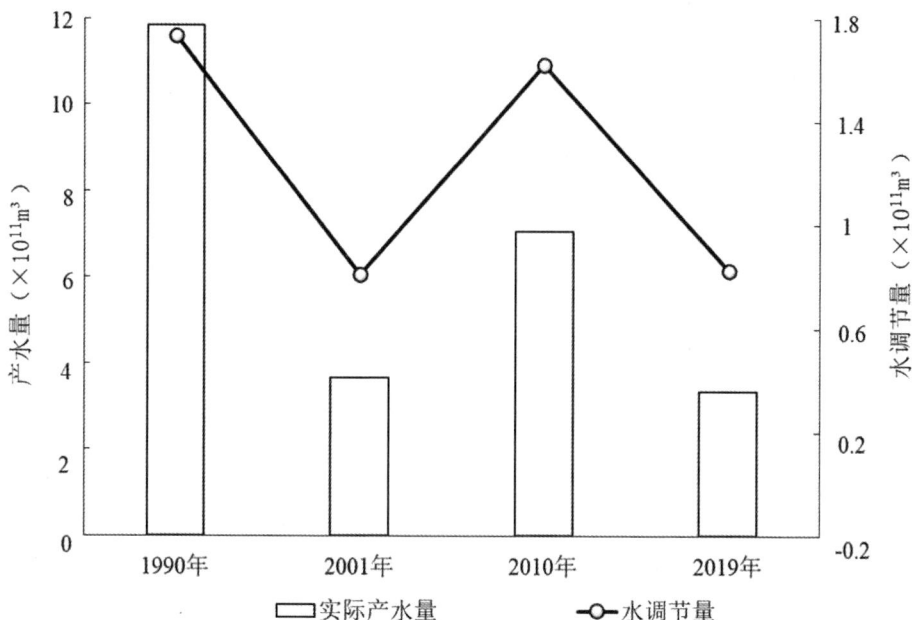

图 5-12　1990—2019 年北运河流域产水量及生态空间水调节量变化

地表径流、地下径流和侧向流向主河道的贡献量导致了流域产水量的变化。从 1990—2019 年流域地表径流贡献量、地下径流贡献量和侧向流贡献量变化来看（表 5-3），不同年份的流域实际产水主要来源于地表径流，但地下径流和侧向流的贡献在不同年份有所不同，如1990—2010 年以地下径流贡献为主，2019 年以侧向流为主。

表 5-3　1990—2019 年北运河流域主要水文过程变化（单位：mm）

		蒸散发	地表径流贡献量	地下径流贡献量	侧向流贡献量	土壤水含量	地下水补给量	产水量
1990年	有植被覆盖	45855.64	23850.07	17371.99	4539.28	4149135.55	19931.71	46631.34
	无植被覆盖	42351.39	28526.18	15382.18	3423.90	4150368.88	17801.73	48116.44
2001年	有植被覆盖	36871.58	8124.87	2891.80	2506.72	3298552.63	3934.18	13701.19
	无植被覆盖	34168.43	10563.89	2446.41	2001.95	3304637.41	3486.50	15163.08
2010年	有植被覆盖	44635.59	16434.98	6482.14	3713.67	3489920.47	8618.35	26946.08
	无植被覆盖	40054.61	20735.29	5033.51	2913.89	3529585.64	6900.27	28934.00
2019年	有植被覆盖	41698.77	8632.04	1528.93	2298.66	2835165.37	2384.75	12655.26
	无植被覆盖	38643.73	11313.23	1216.75	1864.69	2869094.18	1903.86	14548.04

（二）季节分配

进一步分析不同年份汛期（6—9 月）和非汛期（10 月—次年 5 月）流域产水量变化特征（表 5-4）可以发现，产水集中于汛期，汛期产水量约占总产水量的 67.87%，非汛期产水量占比约为 32.13%，这主要是由于汛期降水量多使得流域地表径流、地下径流和侧向流向主河道径流的贡献量增大所致。Dan et al.（2010）的研究也证明了降水等的季节动态会直接导致产水量的季节性波动。具体来看，1990年汛期共产水 $8.08 \times 10^{11} \mathrm{m}^3$，占流域产水量总值的 68.26%；2001 年汛期的产水量占比在所有年份中最高（73.79%），但非汛期仅产水 $9.63 \times 10^{10} \mathrm{m}^3$；2010 年流域共产水 $7.05 \times 10^{11} \mathrm{m}^3$，其中汛期占 66.34%。

非汛期占 33.66%；2019 年流域汛期产水共 2.12×10^{11} m³，相比之下非汛期产水减少了 8.81×10^{10} m³。

表 5-4 1990—2019 年北运河流域产水量与生态空间水调节量年内变化（单位：10^{10} m³）

	实际产水量			水调节量		
	全年	汛期	非汛期	全年	汛期	非汛期
1990 年	118.42	80.88	37.58	4.1	4.2	−0.1
2001 年	36.74	27.11	9.63	3.74	3.92	−0.18
2010 年	70.49	46.76	23.73	4.82	5.44	−0.62
2019 年	33.64	21.23	12.41	4.96	3.53	1.44

从 1990—2019 年不同年份降水量与流域不同情景产水量的变化过程（图 5-13）也可以看出产水量的季节变化特征：降水量峰值与产水量峰值基本对应，二者在年内分配不均，汛期降水量和产水量分别约占全年的 67.12% 和 67.87%。研究表明，高强度降雨会导致地表径流显著增加（Sadeghi et al., 2016），可知在降水量大的条件下产水量出现明显峰值，且峰值大小还与前期降水有关，在前期无降水或降水少的时段土壤含水量较低，降水需达到田间持水量后才能产生壤中流和地下径流，汛期由于降水集中下垫面很快达到饱和，因此产水量出现较大峰值。进一步分析降水量与流域实际产水量的回归关系（图 5-14）可知，二者在时间上表现出了较强的正相关性（$R^2 \geqslant 0.84$），Osei et al.（2019）的研究也表明降雨对地下水补给、地表径流和产水量均产生了积极的影响。综合分析降水量与产水量的散点图发现二者在低值区聚集度较高，拟合效果较好，而在高值部分较分散。这一方面说明研究区降水量较少，降水大多分散于低值区；另一方面也说明产水量受降水高值的影响较大。

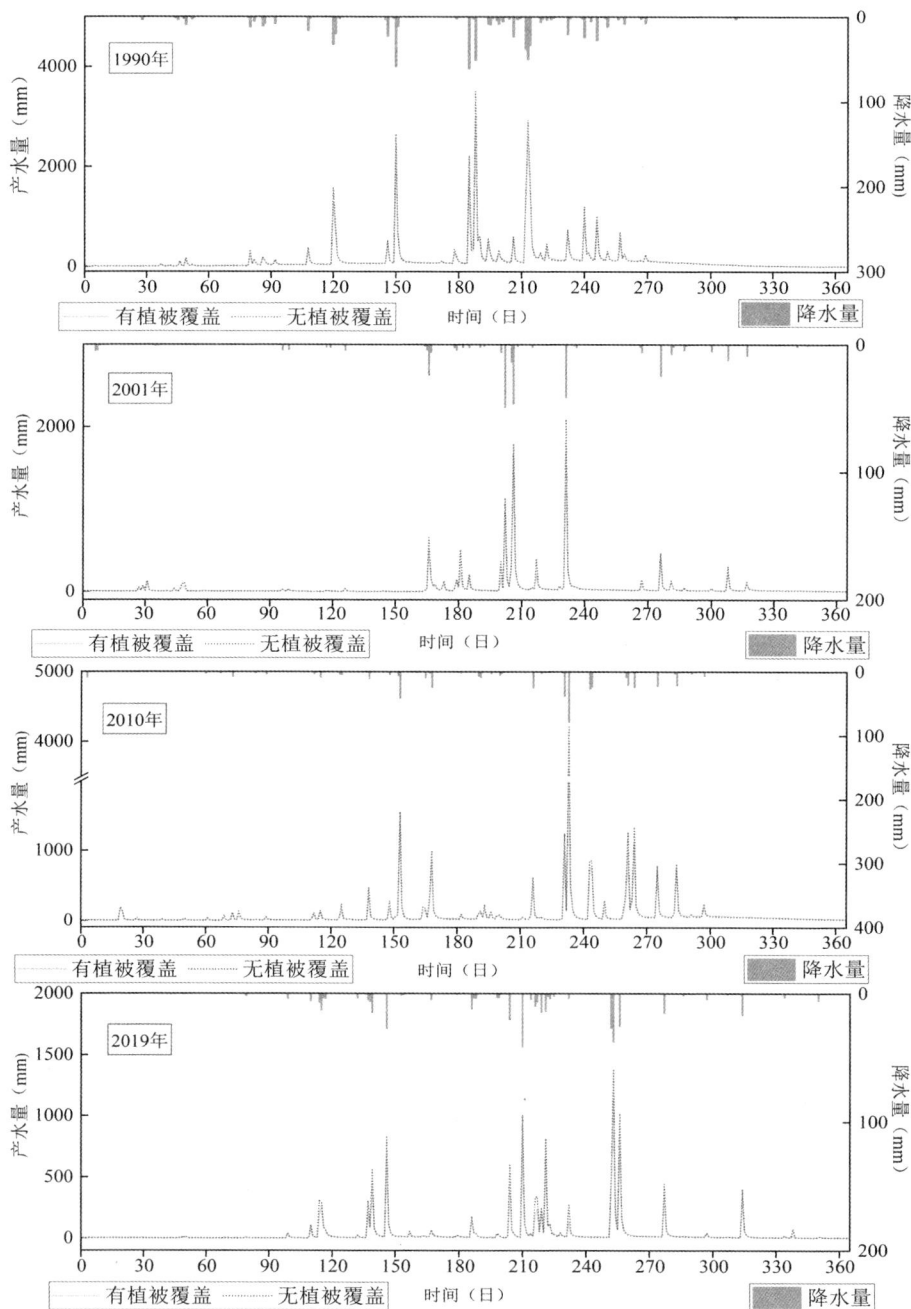

图 5-13　1990—2019 年不同年份北运河流域降水量及不同地表覆被情景产水量的年内变化

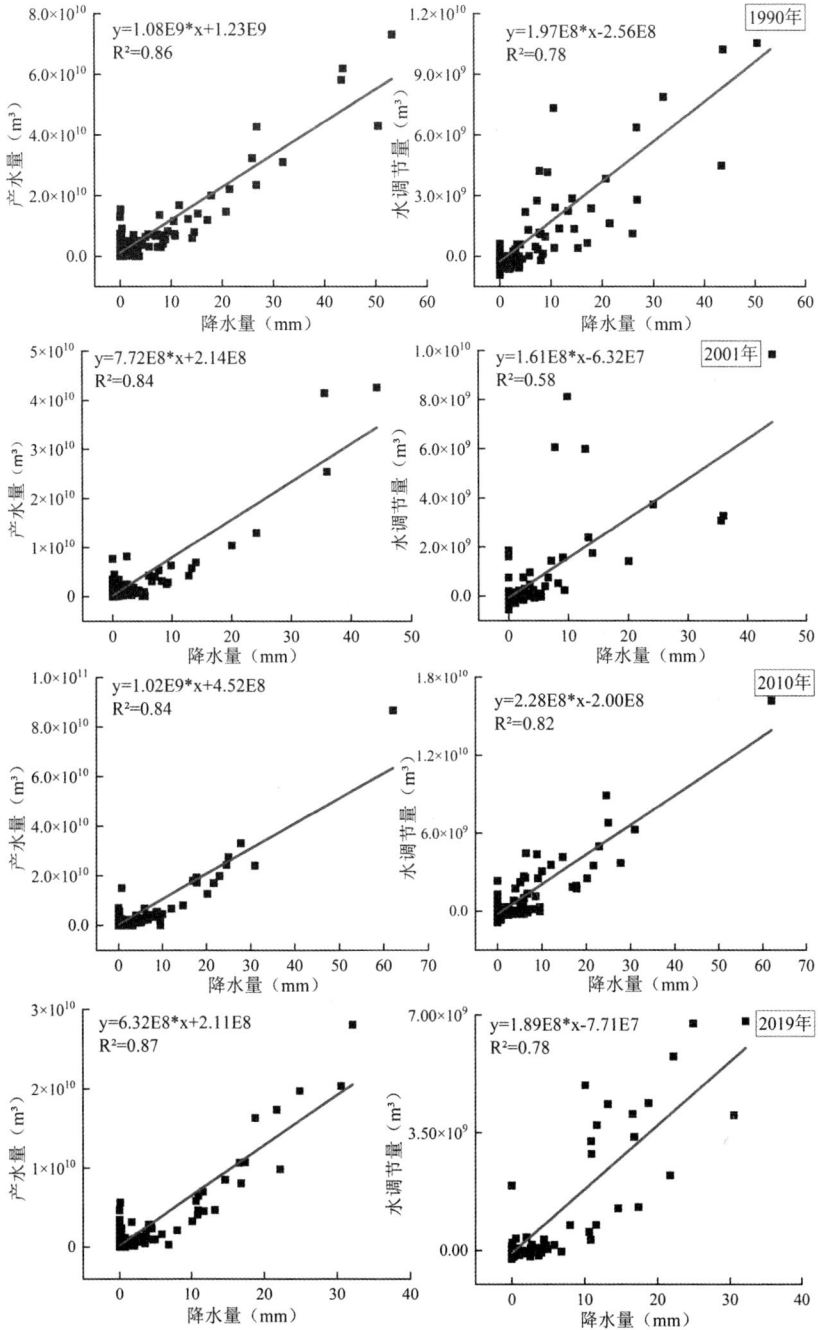

图 5-14　1990—2019 年不同年份北运河流域降水量与产水量、生态空间
水调节量的线性关系

（三）空间分布

分析北运河流域 1990—2019 年不同年份产水量的空间分布特征可以发现，不同年份产水量高值区分布基本一致，主要分布于西北部山区，昌平、朝阳、海淀相邻的区域（奥林匹克森林公园附近）以及以东城、西城区为中心的区域（图 5-15）。降水开始后通常由土层浅薄、土壤含水量高的区域最先产流，西北部山区以林地、草地、灌丛为主，再加上地形地势的影响，是整个流域径流形成的主要汇集区域。中心城区产水量高是因为其硬化面积大，降水短时间内汇集且无法下渗，在相同的气象条件下所产生的地表径流要高于其他区域，进而导致其产水量显著高于其他区域。计算不同年份产水量大于 10000 m^3 的区域（产水高值区）面积可以发现，1990 年产水高值区面积最大，2010 年次之，2019 年最小。1990 年流域内产水高值区面积达 3228.48 km^2，占流域总面积的 94.8%，流域内最大产水量达 10711.58 m^3；2010 年产水高值区面积比 1990 年减少了 258.16 km^2，但占比仍较高（87.22%），流域内最大产水量最高（64331.55 m^3）；2019 年流域产水高值区面积有所减少，为 1645.06 km^2，其占比也下降到 48.31%，流域内最大产水量比 2010 年减少了 45.09%；2001 年流域产水高值区面积最小（1244.16 km^2），占流域总面积的 36.53%，最大产水量仅比 2010 年减少了 946.58 m^3。

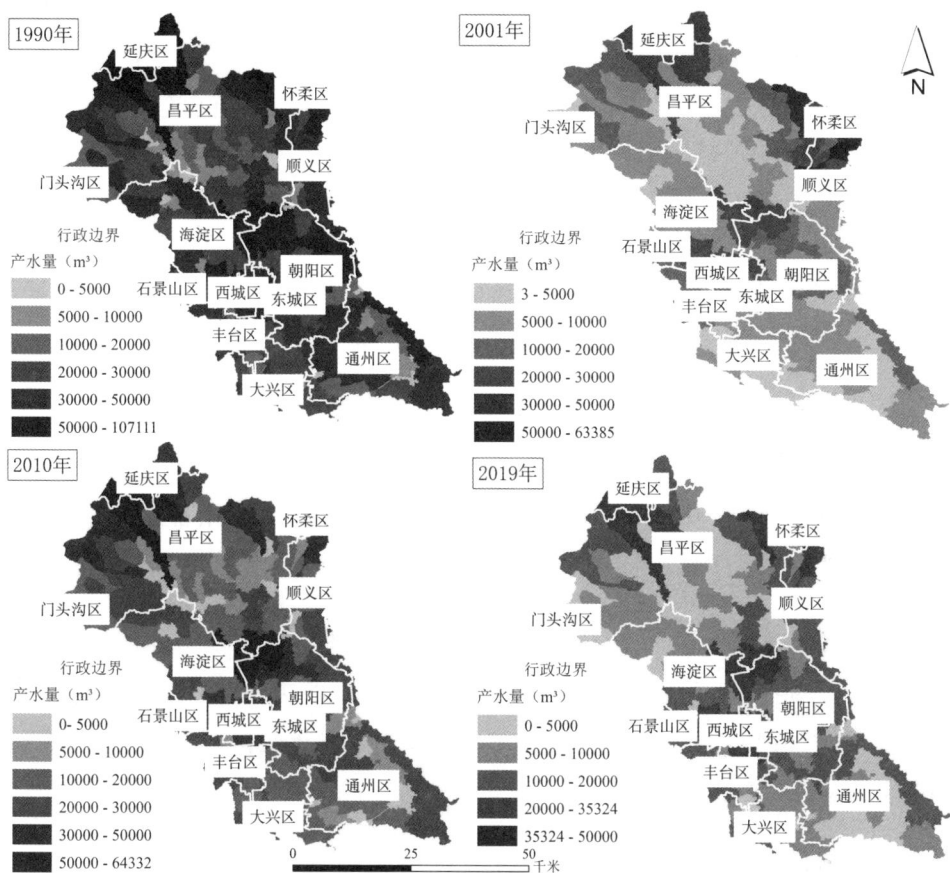

图 5-15　1990—2019 年北运河流域产水量的空间分布变化

二、北运河流域生态空间水调节服务变化特征

（一）生态空间的水调节量

从生态空间水调节量的总量变化（图 5-12）来看，1990 年北运河流域内占比 28% 的生态空间水调节量最高，为 1.73×10^{11} m^3；2010 年流域内生态空间占比最高（31%），其水调节量却比 1990 年减少了 1.13×10^{10} m^3；2019 年面积占比为 30% 的生态空间，其水调节总量为

8.27×10^{10} m³，比 1990 年减少了 52.31%，比 2010 年减少了 48.97%；2001 年流域内生态空间规模最小，水调节总量也最小，为 8.12×10^{10} m³。由上述分析可知，不同年份生态空间规模与其水调节总量的相关关系不明显，这主要是因为不同年份土地利用、气象等条件均不相同，由此导致流域在不同地表覆被条件下的产水量具有差异性，从而使得不同年份不同规模生态空间的水调节总量具有不可比性。

对比不同年份汛期、非汛期水调节量发现，在 1990 年、2001 年及 2010 年的汛期水调节量均为正值，而在非汛期则为负值。这意味着在上述年份生态空间在汛期发挥储水功能，非汛期发挥释水功能，体现了其削峰补枯作用。非汛期生态系统的补枯调蓄作用显著，计算可知 2010 年生态空间在非汛期共向流域补枯 6.2×10^{9} m³，2001 年补枯 1.8×10^{9} m³，1990 年非汛期流域生态系统补枯 9.5×10^{8} m³。2019 年全年及汛期、非汛期，生态空间均以储水为主，这主要是因为 2019 年降水量较少（395 mm），再加上生态系统本身消耗及蒸散发所导致的流域实际产水量远低于无植被覆盖条件下的产水量。

图 5-16 为不同年份生态空间水调节量年内变化情况，分析发现与降水具有一致性，这说明降水作为唯一的水分输入来源通过控制流域内的水量平衡影响着生态空间的水调节量。通过降水量与水调节量的回归系数（图 5-14）也可以看出这种相关性（$R^2 \geqslant 0.58$），降水量与水调节量的正相关关系在 2010 年最强（$R^2=0.82$）；2001 年最弱（$R^2=0.58$）。

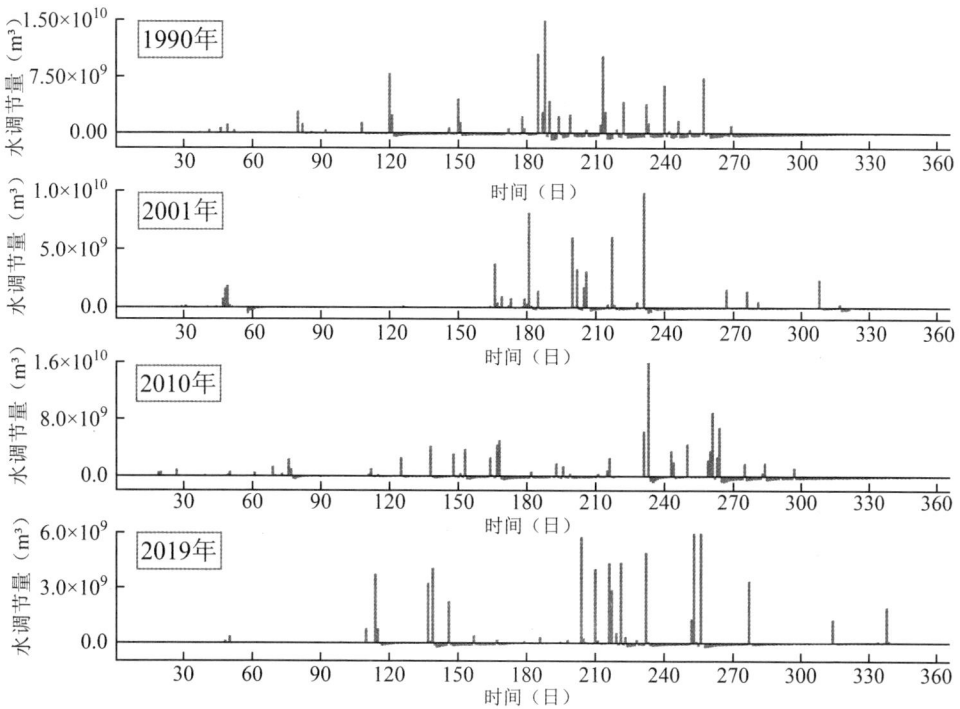

图 5-16　1990—2019 年不同年份北运河流域生态空间水调节量的年内变化

　　进一步分析 1990—2019 年不同年份生态空间水调节量和流域产水量的相关性（图 5-17）发现，产水量同水调节量在时间上也具有一定的相关性，但弱于同降水的相关性；二者同样在低值区表现出了较好的拟合效果，而在高值区拟合效果较差。这说明产水量和水调节量在降水少的条件下的变化具有较好的一致性，但在降水峰值条件下的一致性较差，即产水量高并不意味着生态空间的水调节量高。对比相同年份流域产水量和生态空间水调节量的空间分布（图 5-15、图 5-18）可知，产水量与生态空间水调节量在空间分布上也并非一一对应的关系，产水量高的区域，生态空间水调节量不一定高。事实上，受地表覆被等条件的影响，降水经过截留、填洼、入渗、产流等环节，最终产水量由地表径流、地下径流、侧边流量共同组成；相比于产水量，生态空间水调节量受植被自身吸收、蒸腾等作用的综合影响，其变化具有更大的不确定性。

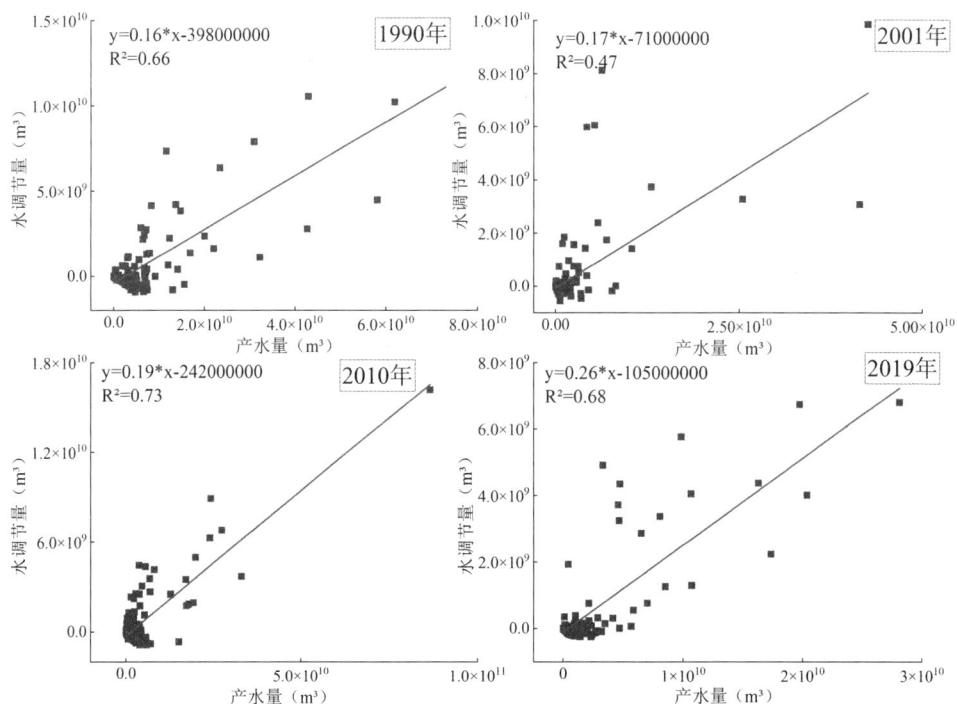

图 5-17 1990—2019 年不同年份北运河流域产水量与生态空间水调节量的线性关系

（二）生态空间对主要水文过程的影响

表 5-3 详细列出了北运河流域不同年份不同地表覆被条件下主要水文过程的变化特征，其中有植被覆盖代表了流域有生态空间的实际情况，无植被覆盖是流域内林地、草地、水体等生态空间退化为裸地的模拟情景。总体来看，生态空间的存在使得流域蒸散发、地下径流贡献量、侧向流贡献量和地下水补给量增加，而地表径流贡献量和土壤水分含量减少。具体来看，1990 年流域实际蒸散发为 45855.64 mm，相比之下，生态空间极度退化情景下的流域蒸散发减少 3504.25 mm；

2001 年生态空间极度退化情景下的蒸散发比实际蒸散发减少了 2703.15 mm，2010 年减少了 4580.99 mm，2019 年的减少量为 3055.03 mm。通过蒸散发的上述变化可发现，实际生态空间的蒸散发要远大于无植被覆盖条件下的蒸散发，Chen et al.（2019）的研究结果也证明了从耕地、林地和草地向裸地的转变会导致蒸散发显著减少，而由裸地或荒漠向耕地的转变则会导致蒸散发增加。这是因为在流域实际生态系统中除了地表及土壤水分的蒸发外，植被还会通过气孔等向外界扩散大量水分（蒸腾），从而导致在同样气象条件下有植被覆盖的蒸散发量更高。而植被蒸腾作用的增强也使得土壤水分进一步减少，对比生态空间极度退化情景和实际生态空间覆盖条件下的土壤水含量可以验证这一结果。如 1990 年流域实际土壤水含量为 4149135.55 mm，而生态空间极度退化情景下的土壤水含量则为 4150368.88 mm，在 2001 年、2010 年及2019 年，流域实际土壤水含量比无植被覆盖条件下的土壤水含量分别减少了 6084.78 mm、39665.17 mm 和 33928.81 mm。

（三）生态空间对径流调节的影响

从地表径流贡献量来看，生态空间极度退化情景下流域的地表径流量要远高于有生态空间的值。如在 1990 年实际生态空间条件下，地表径流共向主河道贡献水量 23850.07 mm；而在生态空间极度退化的情景下，流域地表径流贡献量为 28526.18 mm。这主要是因为生态空间的存在使得林冠劫持、土壤蓄水、林冠层和枯枝落叶层截留等作用大大增强，在一定程度上起到减少地表产流量、削减洪峰的作用。有研究表明，森林增加 5% 会导致年径流量减少 1% 左右，二者呈现出较强的线性趋势（Tamm et al.，2018）。从地下径流贡献量、侧向流贡献量及地下水补给量来看，生态空间对降水的拦截作用增强，减缓了地表产流过程，使得通过植物根区渗漏的水量增加，地下水补给量增加。通过对比不同年份有生态空间和生态空间极度退化情景下的地下径流贡献量、侧向流贡献量及地下水补给量可以看出这种变化趋势，如 1990 年流域实际地下径流贡献量为 17371.99 mm，侧向流贡献量为 4539.28 mm，补给地下水 19931.71 mm，而将生态空间替换为裸地后，流域地下径流向主河道径流的贡献量减少了 1989.81 mm，侧向流贡献量减少了 1115.38 mm，地下水补给量也相应减少了 2129.98 mm。

对比不同年份地表径流、地下径流和侧向流对产水量的贡献可以发现，虽然有生态空间和生态空间极度退化情景下流域的产水量均以地表径流为主，地下径流为辅，但对于不同的地表覆被条件，三种产流方式所占的比重有所差别。在流域实际生态空间中，地表径流对流域总产水平均贡献 59.91%，而在生态空间极度退化的模拟情景中，地表径流所占的比重有所增加，达 69.60%；汇入主河道总径流的地下径流在实际生态系统中平均为 7068.72 mm，占比约为 23.62%，生态空间极度退化情景下，地下径流的贡献量减少了 1049.01 mm，占比也相应减少了 5.15%；侧向流贡献方面，有生态空间条件下的侧向流平均贡献 14.99%，而生态空间极度退化情景下，侧向流仅贡献 10.8%。上述分析说明，生态空间极度退化导致地表径流贡献量增加而地下径流和侧向流贡献减少，这是因为林地、草地等生态空间会通过冠层拦截、地表截留、下渗等方式影响产流过程，将降水更多地转化为土壤水和地下水，增加地下水补给；而裸地由于无植被覆盖，对降水的截留作用大大减弱，使得地表产流量大大增加，产水量增加。

（四）生态空间的储水释水潜力

从生态空间的储水潜力和释水潜力两方面分析生态空间的水文调节能力。1990—2019 年生态空间的储水潜力总体增加，其中，2019 年生态空间储水潜力最高，为 4.96×10^{10} m^3，其次是 2010 年，为 4.81×10^{10} m^3；1990 年流域生态空间共储水 4.10×10^{10} m^3，2001 年最少，仅为 3.73×10^{10} m^3。总体来看，生态空间的储水潜力与其面积表现出了相关性，即生态空间规模越大，储水越多；同时也注意到 2019 年流域生态空间面积虽小于 2010 年，但其储水潜力仍高于 2010 年，分析其原因发现虽然相比之下 2010 年生态空间面积最大，但其破碎化程度高且分布分散，这说明生态空间的结构也可能对其储水功能产生一定的影响。但目前相关研究还不多见，因此对这一结果的解释需要后续进行深入的分析。

图 5-18 为 1990—2019 年北运河流域生态空间水调节量的空间分布，可看出西北部山区的水调节量以正值为主，这是因为西北部山区以林地、草地为主，其枯枝落叶层能有效地涵养水源；而以中心城区为主的平原区域以释水为主。

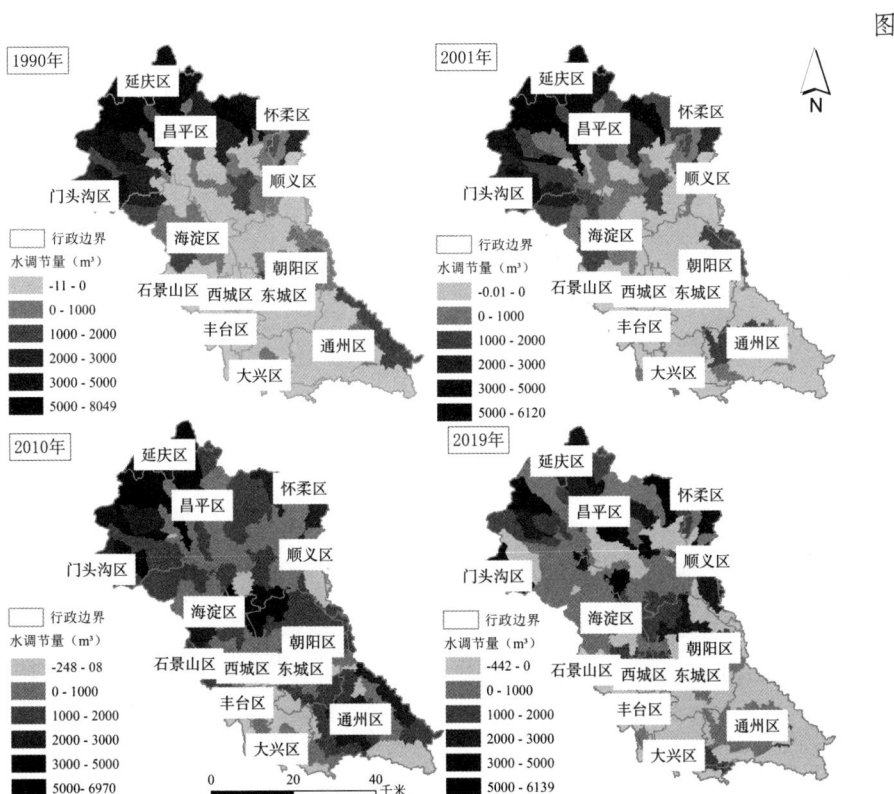

5-18　1990—2019 年北运河流域生态空间水调节量的空间分布变化

对比不同年份流域水调节量正负值的规模发现：（1）北运河流域在 1990—2019 年不同年份均以发挥储水功能为主，其水调节量 ＞ 0 的区域面积在 2010 年最大（2900.70 km²），占流域总面积的 85.18%；其次为 2019 年（2134.94 km²），占比 62.69%；2001 年储水区域面积比 2010 年减少了 1063.4 km²，其占比也减少到 53.98%；1990 年流域内水调节量 ＞ 0 的区域面积为 1813.02 km²，其占比仅比 2001 年减少了 0.74%。（2）以释水为主的区域面积较少，平均为 150.29 km²，占流域总面积的 4.41%，其中以 2019 年的面积最大（205.79 km²）；1990 年最小（94.07 km²）。（3）不同年份流域内储水和释水面积相等的区域在 1990 年最大，占总面积的 44%；2001 年面积为 1453.49 km²，占比 42.68%；2019 年流域内水调节量为 0 的区域面积比 1990 年减少了 28.94%，其占比也减少到 31.27%；2010 年流域储水功能和释水功能相等的区域面积仅为 317.14 km²，占流域总面积的 9.31%。总体来看，1990—2019 年生态空间的存在使得流域大部分（63.77%）区域以储水为主，约有 31.81% 的区域降水全部用于维持生态系统的消耗，生态空间储水功能和释水功能发挥不明显，仅有约 4.41% 的区域产水出现盈余。

第三节　小　结

水生态系统服务的提升是实现区域可持续发展的基础，对改善人类生存基础、增进人类福祉具有极为重要的作用。本书根据北京市水资源环境特点选取水供给及生态空间的水调节服务作为区域水生态系统服务的关键指数，基于分布式水文模型 SWAT 以北运河流域为研究区对流域 1990—2019 年不同年份的水文过程进行了模拟，以产水量为依据计算了流域的水供给服务及生态空间的水调节服务，分析了流域水供给服务和生态空间水调节服务的时空变化特征。

　　研究发现，北运河流域产水量年际变幅较大，总体呈减少趋势；产水量受降水影响较大，具有季节性变化特征（年内分配不均匀，集中于汛期）；生态空间规模与生态空间水调节量的相关关系不明显；生态空间的存在使流域地表截留作用增强，在一定程度上起到减少地表径流量、削减洪峰的作用，也导致地下水补给量的增加；1990—2019年北运河流域生态空间以储水为主，生态空间规模越大储水越多，从年内变化来看，生态空间在汛期储水、非汛期释水，体现了其削峰补枯作用；生态空间的存在使得流域大部分（63.77%）区域得以发挥储水功能，约有 31.81% 的区域降水全部用于维持生态系统的消耗，生态空间储水和释水功能发挥不明显，仅有约 4.41% 的区域产水出现盈余。

　　由上述分析可知，不同年份不同规模生态空间影响下的流域产水量和生态空间水调节量变化未表现出明显的规律性特点。这主要是因为不同年份城市空间格局、气象等条件均不相同，使得其对水文过程的影响相互交叠，由此导致流域在不同地表覆被条件下的产水量具有差异性，使得不同年份不同规模生态空间的水调节总量具有不可比性；同时，生态空间水调节量大小也受到植被本身吸收、蒸腾等作用的影响，从而具有一定的不确定性。因此，需要将气象要素与城市空间变化的影响进行区分，以便深入探究生态空间变化对水生态系统服务的影响机理。

| 第六章 |

水生态系统服务影响机理 II：
基于规划的情景模拟

基于《北京城市总体规划（2016—2035 年）》对 2035 年北运河流域城市生态空间的演变进行模拟，通过模拟北运河流域现状（2019 年）及规划情景（2035 年）在不同水文年的水文过程对比流域产水量及生态空间水调节量的变化特征，分析生态空间变化对水生态系统服务的影响及水生态系统服务对不同水文年的响应，研究规划情景下流域水生态系统服务的演变特征。

第一节　规划分析及情景设置

一、规划分析

2017 年，为深入落实首都未来可持续发展的重大方略，北京市编制了新版城市总体规划，即《北京城市总体规划（2016—2035 年）》（新总规）。新总规明确了北京作为全国政治、文化、国际交往、科技创新中心的战略定位，大力实施以疏解非首都功能为重点的京津冀协同发展战略，通过实施人口规模、建设规模双控倒逼城市发展，促进国土空间结构优化，有效治理"大城市病"，实现可持续发展。[①]

新总规提出了要统筹把握生产、生活、生态空间的内在联系，通

---

① 北京市规划和国土资源管理委员会 . 北京城市总体规划(2016 年—2035 年)[EB/OL].
[2020-2-15]. http://www.beijing.gov.cn/gongkai/guihua/wngh/cqgh/201907/t20190701_100008.
html.

111

过保护和修复自然生态系统，提升生态系统服务。此外，新总规突出强调了要协调水与城市的关系，通过本地水源恢复与保护、地下水涵养、水生态修复等方式实现水资源的可持续利用。由上述分析可知，新总规通过国土空间结构布局及城市功能的优化调整，从源头提升生态系统服务，提高城市的可持续发展能力。

水生态系统服务提升与北京市最新发展定位相匹配，是保证北京市生态安全、改善生态环境、增强区域综合发展能力的重要举措。新总规将水资源作为最大的刚性约束，提出了以水定城、以水定地、以水定人、以水定产的方略，通过人口、城市和产业发展的合理规划，促进可持续发展。根据《北京城市总体规划（2016—2035 年）》，一方面，北运河水系是北京水环境治理、水生态保护的重要区域；另一方面，北运河流域是北京市国土空间结构调整的重要区域，流域范围内包含了完整的"一核（首都核心功能区）一主（中心城区）一副（城市副中心）、两轴（中轴线及其延长线、长安街及其延长线）多点（平原新城区）一区（生态涵养区）"的城市空间布局。基于新总规的"三生"空间调整必然带来区域与水相关的生态系统服务的改变，而基于该规划情景的北运河流域水生态系统服务的影响机理分析对促进流域水生态系统服务提升具有非常重要的意义。

二、情景设置

将情景模拟法应用于生态系统服务研究时，可通过分析未来或替代土地利用模式下生态系统服务的变化特征为决策者提供相关管理建议。本书基于 SWAT 模型通过设置多种情景分析流域水供给服务和生态空间水调节服务的变化特征，探究水生态系统服务的调控机理。本书情景设置包括两部分：一是基于《北京城市总体规划（2016—2035 年）》对北运河流域生态空间演化进行模拟，即根据市域两线三区规划图（图 6-1）提取其中的生态控制区作为生态空间，通过对比现状（2019 年）及规划情景（2035 年）城市空间的结构变化特征，分析生态空间变化对水生态系统服务关键指数的影响。在进行生态空间提取时，生态控制区与原有生态空间（2019 年）重叠的部分不做修改，对生态空间增加的部分将原有土地利用类型替换为林地。二是通过设置不同水文年，分析水生态系统服务对不同水文年的响应，既为了消除气象条件的干扰，分析不同规模生态空间在相同气象条件下的水调节能力；也可以分析水生态系统服务对不同水文年的响应，提升未来流域精细化管理的决策水平。

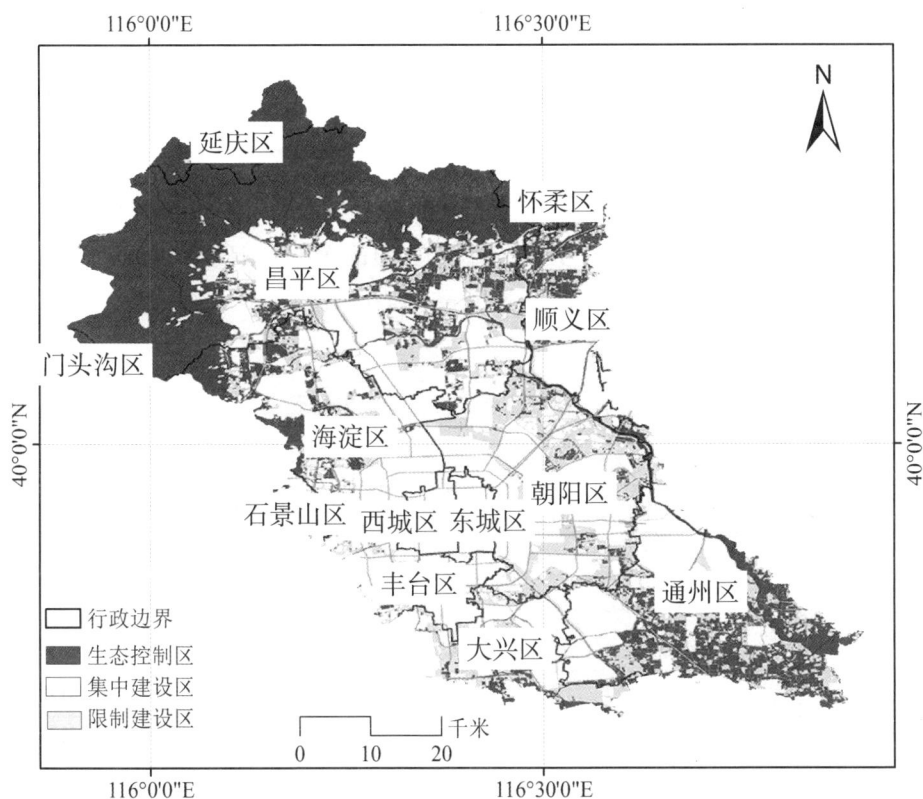

图 6-1　北运河流域两线三区规划

（截取自《北京城市总体规划（2016—2035 年）》图 23）

根据《北京市水资源公报》，北京市降水条件可分为多水年、少水年、一般年等不同类型。基于此，本书共设置平水年、丰水年、枯水年、特枯水年作为典型水文年。其中，1999 年北京市平均降水量仅为 373 mm，相当于频率为 95% 的特枯水年；2002 年全市平均降水量为 413 mm，相当于频率为 88% 的枯水年；2015 年全市平均降水 583 mm，与多年平均降水量 585 mm 基本持平，为平水年；2012 年全市平均降水 728 mm，比多年平均降水量增加了 21%，相当于频率为 20% 的丰水年。此外，2012 年 7 月 21 日，北京遭遇了 61 年一遇的最强暴雨及洪涝灾害，造成了严重损失。因此，2012 年也被作为极端气候条件的代表，用以分析极端气候条件下水生态系统服务关键指数的变化特征。

第二节　北运河流域生态空间演化分析

本书基于《北京城市总体规划（2016—2035 年）》对北运河流域生态空间演化进行模拟，对比分析现状（2019 年）和规划情景（2035 年）下北运河流域生态空间及城市空间的结构变化特征（表 6-1）。

表 6-1　现状及规划情景北运河流域城市空间结构特征

类别	指标	2019 年	2035 年
生态空间	总面积（km²）	1025.03	1576.72
	斑块占比（%）	30.10	46.30
	斑块数量（个）	12666	7883
	斑块密度（个 /km²）	3.72	2.31
	最大斑块占比（%）	20.77	30.64
	斑块结合度（%）	99.41	99.74
	斑块分割度（%）	0.96	0.90
	分离度（%）	23.16	10.27
	聚集度（%）	93.05	95.95
城市空间	香农多样性指数	1.09	1.02
	修正 Simpson 均匀度指数	0.98	0.88
	蔓延度指数（%）	35.18	40.77

　　由表 6-1 可知，2035 年流域生态空间为 1576.72 km²，比 2019 年增加了 53.82%；生态空间占比由 30.10% 增加到 40.30%。2035 年北运河流域生态空间规模的显著扩大对于流域生态系统的稳定和生态服务功能的发挥有着重要的作用。图 6-2 为规划情景北运河流域"三生"空间的空间分布，可以看出相较于 2019 年（图 4-6），2035 年流域生态空间面积大量增加，分布更加均匀。随着面积的增加，生态空间的斑块数量和斑块密度均呈减少的趋势，分别由 2019 年的 12666 个和 3.72 个 /km² 减少到 2035 年的 7883 个和 2.31 个 /km²，这说明生态空间斑块的破碎化程度降低，且生态空间斑块的空间分布更加集中。从最大斑块占比的变化特征也可以看出这种变化趋势，其值从 20.77% 增加到 30.64%。由于北运河流域生态空间主要分布于西北部山区，最大斑块占比的增加说明上游北部山区生态空间的分布更加连续。通过第五章的分析可知，上游是整个流域产水和生态空间储水的主要区域，因此该区域生态空间面积的扩大对于整个流域水生态系统功能的发挥具有重要的意义。另一方面，生态空间斑块的结合度和聚集度均有所增加（分别增加了 0.33% 和 2.9%），但增加幅度不大；斑块分割度和分离度均有所下降，分别由 2019 年的 0.96% 和 23.16% 减少到 2035 年的 0.90% 和 10.27%。这说明 2035 年北运河流域生态空间面积增加的同时破碎化程度降低，分布更加集中。

　　从现状及规划情景北运河流域城市空间的结构特征（表 6-1）来看，2035 年的香农多样性指数和修正 Simpson 均匀度指数均比 2019 年减少，分别减少了 6.42% 和 10.20%；蔓延度指数则从 2019 年的 35.18% 增加到 2035 年的 40.77%，增加了 5.59%，这说明北运河流域城市空间破碎化程度降低；而蔓延度指数的升高则说明流域"三生"空间的小斑块减少，城市空间的团聚程度及延展趋势增加，连通性增强。综合上述分析发现，基于北京城市总体规划的生态空间调控使其面积增加，分布更加集中；流域内城市空间的破碎化程度降低，连通性增加，这对于流域生态系统生态功能的发挥具有重要的意义。

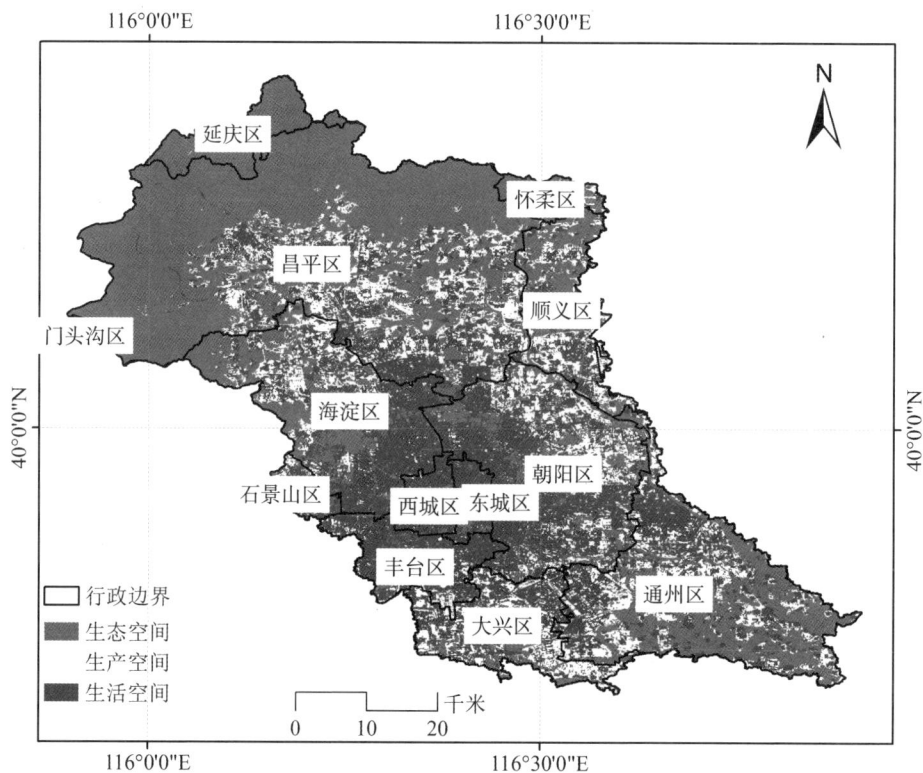

图 6-2 规划情景北运河流域"三生"空间分布

第三节 生态空间变化对水生态系统服务的影响分析

为分析生态空间变化对水生态系统服务的影响，应用 SWAT 模型模拟 2019 年及 2015 年流域的水文过程，对比分析现状及规划情景流域水供给及生态空间水调节服务的变化特征，验证相同水文年模拟结果的一致性。

一、生态空间变化对水供给服务的影响

从流域产水量总量变化（表 6-2）来看，2035 年北运河流域产水量相较于 2019 年均大幅减少，但仍以汛期为主。以平水年为例，北运河流域 2019 年共产水 $1.06 \times 10^{12} \ m^3$，汛期为 $3.43 \times 10^{11} \ m^3$，占比 32.25%，非汛期为 $1.87 \times 10^{11} \ m^3$；2035 年产水量为 $2.5 \times 10^8 \ m^3$，比 2019 年减少了 $1.06 \times 10^{12} \ m^3$，其中汛期产水量占总产水量的 68.12%，较 2019 年减少了 99.95%，非汛期产水量 $7.99 \times 10^7 \ m^3$，较 2019 年减少了 99.96%。

本书得到的生态空间面积增加导致流域产水量减少的这一结论与相关研究一致，如 Yang et al.（2018）的研究表明，相比于草地，林地减少产水量的能力更强；Kusi et al.（2020）认为，虽然林地生态空间面积增加会导致流域的水供给服务变弱（产水量减少 0.75%），但会导致如碳封存、泥沙截留等的功能增强（分别增加 34.29% 和 7.17%）。Zhang et al.（2020）研究结果表明，在相同的降雨、地形坡度和土壤质地条件下，常绿林地产生的总径流量通常小于草地和建设用地；而建设用地产生的地表径流一般比常绿林地和草地多，但侧向径流和地下水较少。

从不同水文年地表径流、地下径流和侧向流对产水量的贡献（表 6-3）来看，生态空间面积增加使地表径流对产水量的贡献增加，地下径流和侧向流的贡献减少。具体来看，平水年现状条件地表径流向主河道贡献 53.61% 的水量，地下径流贡献量占 25.67%，侧向流向主河道贡献 19.43% 的水量；规划情境地表径流的贡献量增加了 20.31%，而地下径流和侧向流的贡献量分别减少了 13.22% 和 7.15%。现状条件不同水文年地表径流、地下径流和侧向流贡献量占产水量比例的平均值分别为 59.79%、20.77% 和 17.88%，规划情景其贡献量平均占比则分别为 75.6%、12.01% 和 10.97%。

表6-2 北运河流域不同水文年现状及规划情景的产水量变化（单位：10^8 m^3）

	平水年			枯水年			特枯水年			丰水年		
	总值	汛期	非汛期	总值	汛期	非汛期	总值	汛期	非汛期	总值	汛期	非汛期
2019年	10601.38	3429.22	1871.47	3.4	2.7	0.69	2.73	1.72	1.01	11.25	7.92	3.33
2035年	2.5	1.7	0.8	1.76	1.33	0.44	1.44	0.84	0.61	5.33	3.97	1.36

表 6-3　北运河流域不同水文年现状及规划情景的主要水文过程变化（单位：mm）

		蒸散发	地表径流贡献量	地下径流贡献量	侧向贡献量	土壤水含量	地下水补给量	产水量
平水年	2019 年	42762.94	10612.90	5082.71	3845.94	3354345.02	7795.52	19796.88
	2035 年	34441.20	6939.05	1169.11	1152.55	1231624.64	25144.43	9387.91
枯水年	2019 年	37389.40	8717.08	2015.18	2039.83	3015600.50	2548.31	12936.43
	2035 年	30432.04	5332.06	522.50	657.64	1142563.31	13493.12	6580.42
特枯水年	2019 年	37847.12	4951.51	1978.31	2690.17	2903089.59	2498.83	9864.78
	2035 年	31323.34	3233.34	1267.62	860.18	1097481.44	10338.83	5507.63
丰水年	2019 年	44444.79	30166.86	9666.53	4014.09	3693595.80	12194.58	44391.48
	2035 年	35880.17	17991.91	942.42	1215.60	1311139.22	36568.24	20273.92

表6-4 北运河流域不同水文年现状及规划情景的生态空间水调节量变化（单位：10^7 m³）

		平水年			枯水年			特枯水年			丰水年		
		总值	汛期	非汛期	总值	汛期	非汛期	总值	汛期	非汛期	总值	汛期	非汛期
2019年		9716.43	5432.76	−574.55	3.93	4.29	−0.35	3.4	2.73	0.67	4.65	5.34	−0.69
2035年		0.06	−0.06	0.12	0.07	−0.1	0.17	0.23	0.08	0.15	−0.47	−0.4	−0.07

　　从不同水文年现状及规划情景北运河流域产水量的年内变化（图6-3、图6-5、图6-7、图6-9）来看，产水与降水的年内变化趋势具有一致性，产水量峰值与降水量峰值呈对应关系。进一步分析降水量峰值和产水量峰值之间的回归关系可知二者呈正相关（（图6-4、图6-6、图6-8、图6-10），如平水年其相关系数在0.79以上，枯水年在0.87以上，特枯水年现状及规划情景下降水量峰值与产水量峰值的相关系数高于0.81。规划情景流域降水量峰值和产水量峰值的相关性在平水年、枯水年、特枯水年均要高于现状条件下二者的相关性，但在丰水年规划情景降水量峰值和产水量峰值的相关性要弱于现状条件二者的相关性。由图6-10可以看出，丰水年规划情景流域产水量峰值与降水量峰值在高值区存在一个异常点，这是2012年7月21日极端降水事件导致区域瞬时降水和产水大量增加，偏离了正常范围。

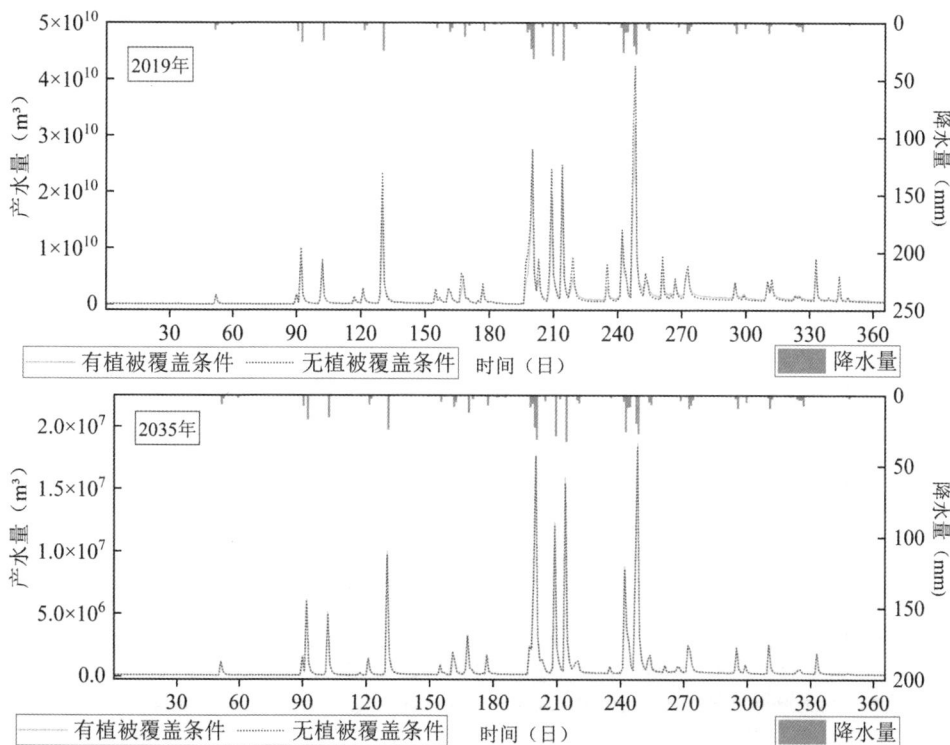

图6-3　北运河流域平水年现状及规划情景不同地表覆被情景产水量的年内变化

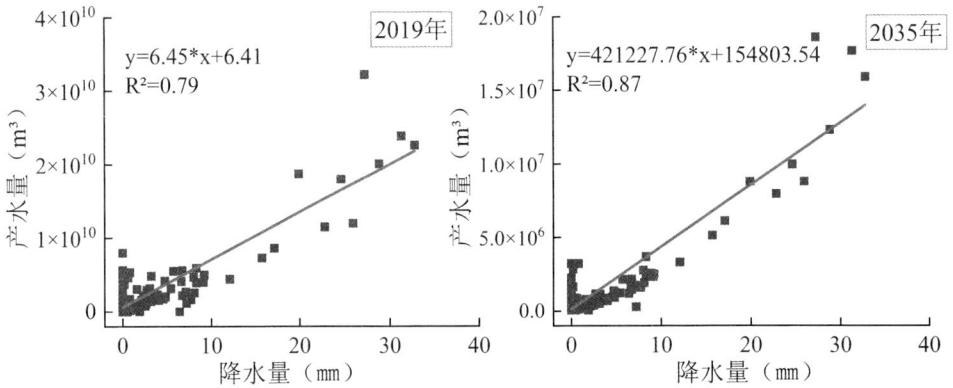

图 6-4　北运河流域平水年现状及规划情景降水量与产水量的线性关系

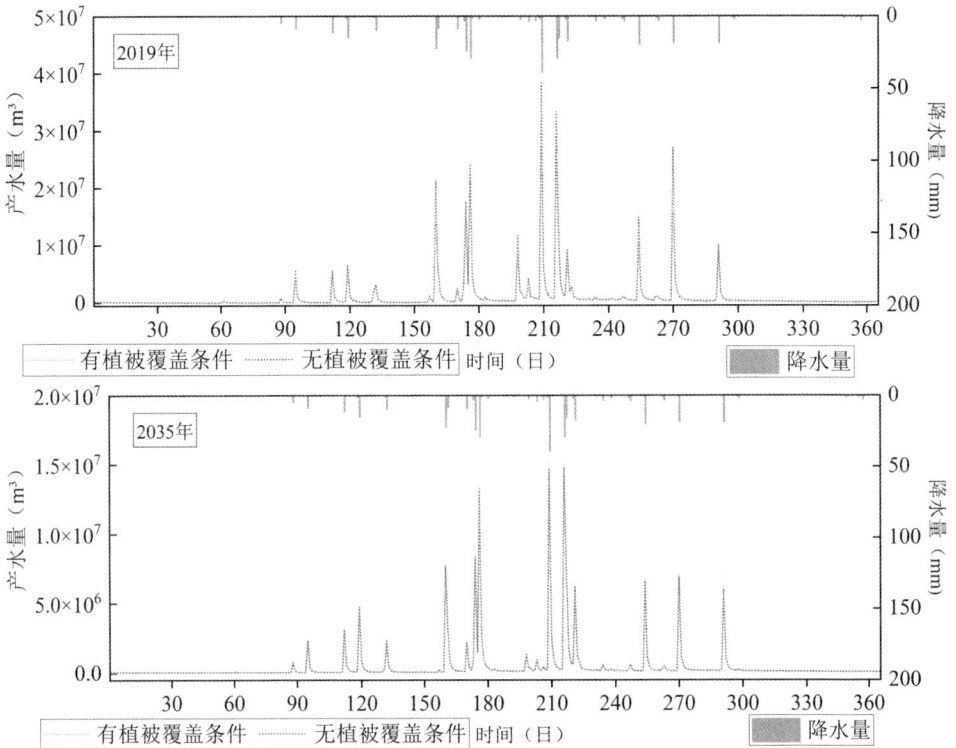

图 6-5　北运河流域枯水年现状及规划情景不同地表覆被情景产水量的年内变化

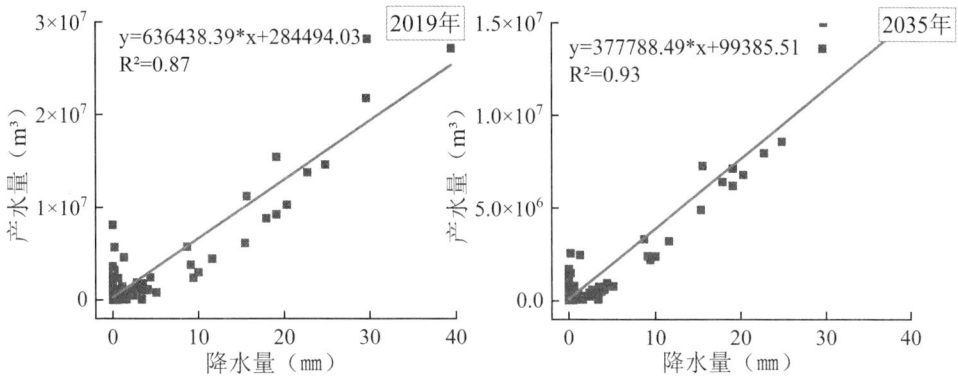

图 6-6　北运河流域枯水年现状及规划情景降水量与产水量的线性关系

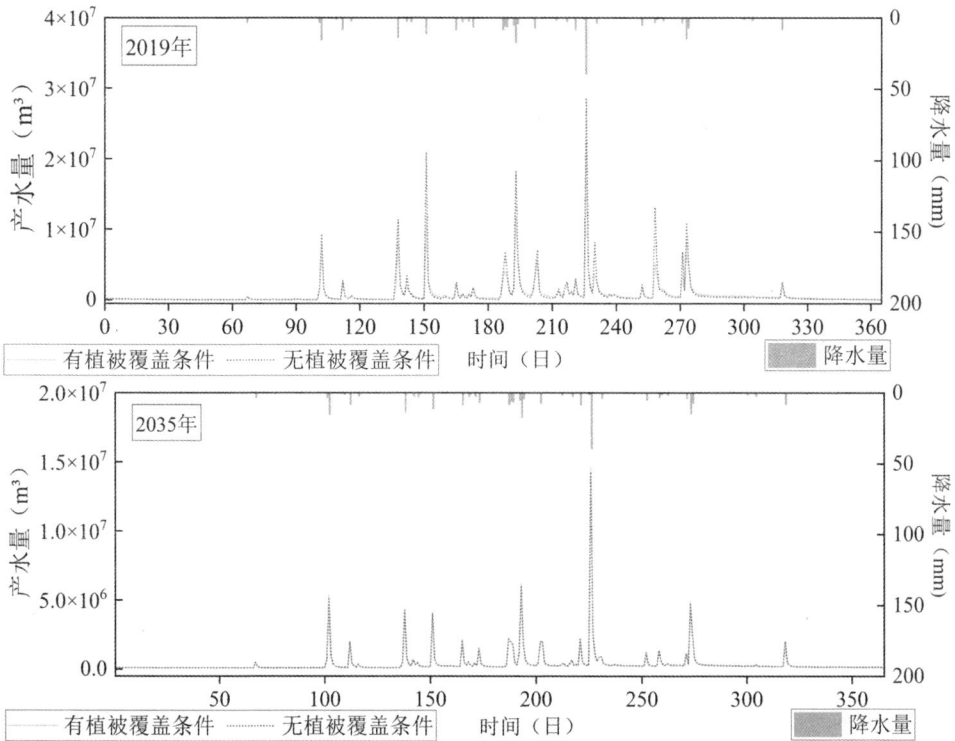

图 6-7　北运河流域特枯水年现状及规划情景不同地表覆被情景产水量的年内变化

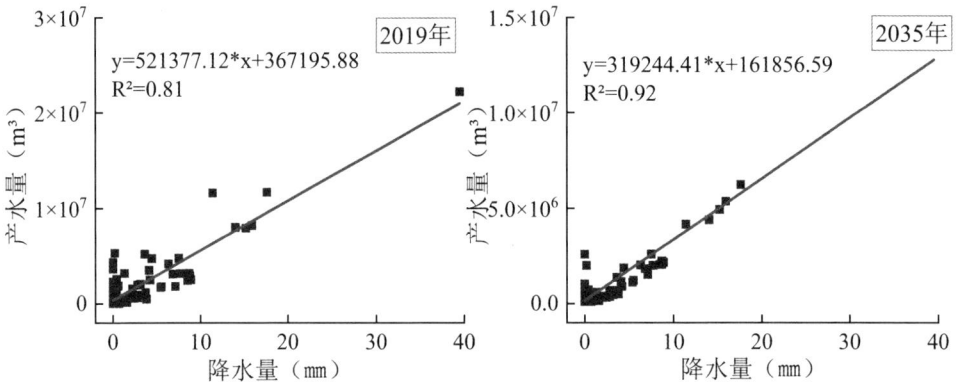

图 6-8　北运河流域特枯水年现状及规划情景降水量与产水量的线性关系

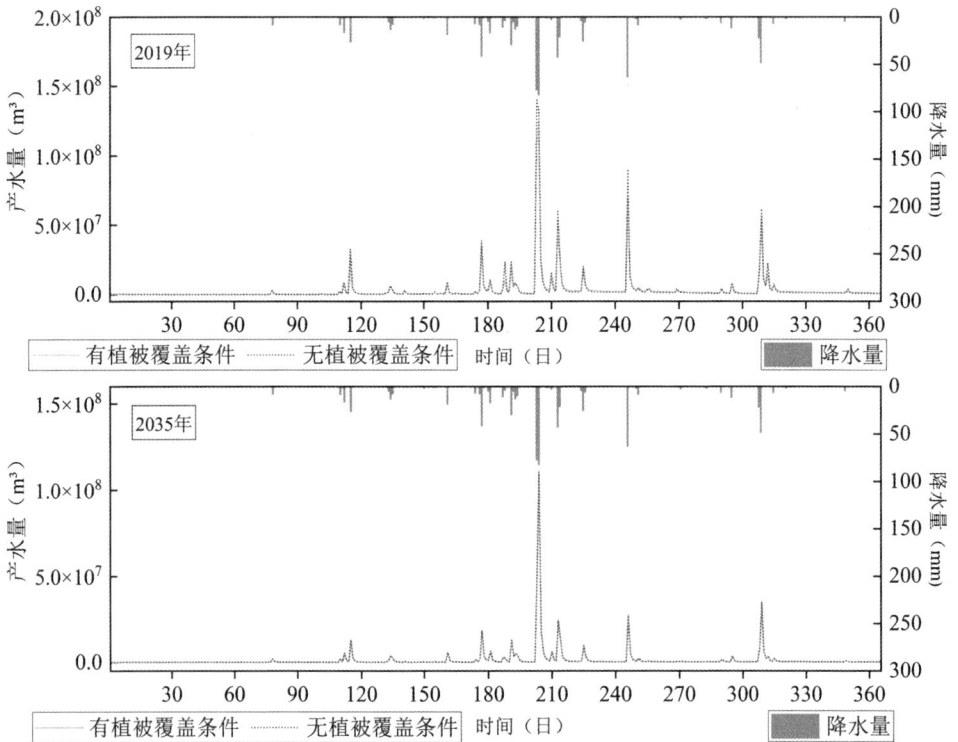

图 6-9　北运河流域丰水年现状及规划情景不同地表覆被情景产水量的年内变化

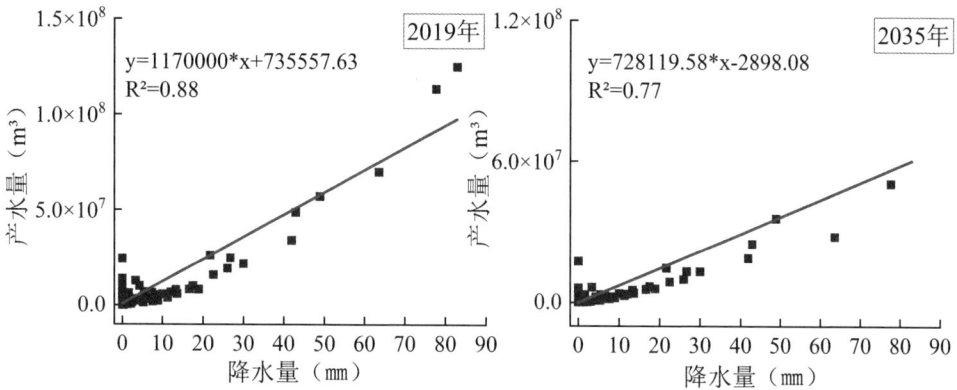

图 6-10 北运河流域丰水年现状及规划情景降水量与产水量的线性关系

分析现状及规划情景北运河流域产水量的空间分布（图 6-11 至图 6-14）特征发现，相同水文年现状及规划情景流域产水量在空间分布上基本一致，但现状条件流域产水量高于 10000 m³ 的区域（产水高值区）面积在不同水文年均大于规划情景。这说明生态空间面积的增加有效地减少了流域的产水量，这在一定程度上有助于缓解流域的洪涝威胁。具体来看，平水年现状条件下流域产水量高于 10000 m³ 的区域面积为 2486.84 km²，占总面积的 73.02%，规划情景下面积为 920.96 km²，占流域总面积的 27.04%；枯水年规划情景相比于现状条件流域产水高值区面积减少了 1164.86 km²；特枯水年规划情景下流域产水高值区面积减少到了 176.96 km²，比现状条件下的产水高值区面积减少了 82.33%；尤其是在降水量多且有极端降水发生的丰水年，现状条件下流域产水量高于 10000 m³ 的区域面积占到了流域总面积的 91.93%，而在规划情景下其面积占比减少到了 57.03%，共减少了 1188.41 km²。进一步对比现状及规划情景子流域最大平均产水量可以发现，规划情景下子流域的最大产水量在不同水文年均小于现状条件下对应的产水量。如在丰水年现状条件子流域平均产水量最大可达116760.68 m³,而规划情景下,其产水量最大值为82328.68 m³;枯水年规划情景下子流域产水量最大值比现状条件下的产水量减少了37.38%。

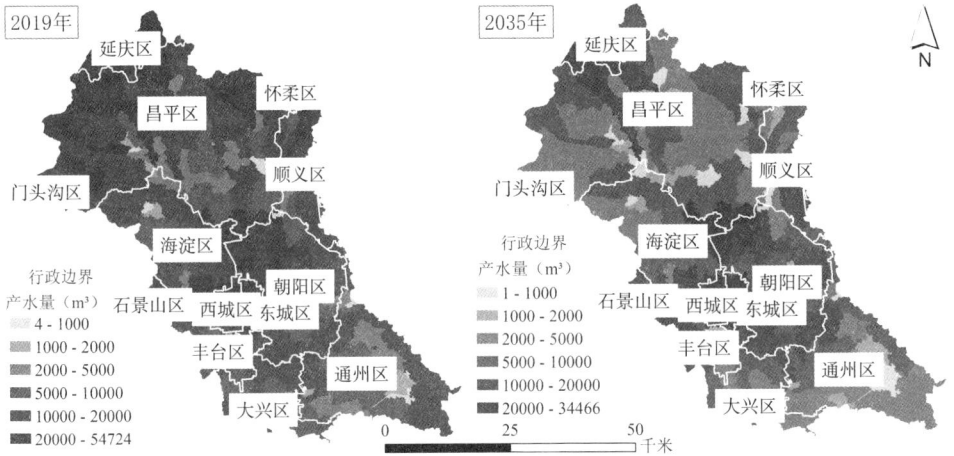

图6-11　北运河流域平水年现状及规划情景产水量的空间分布

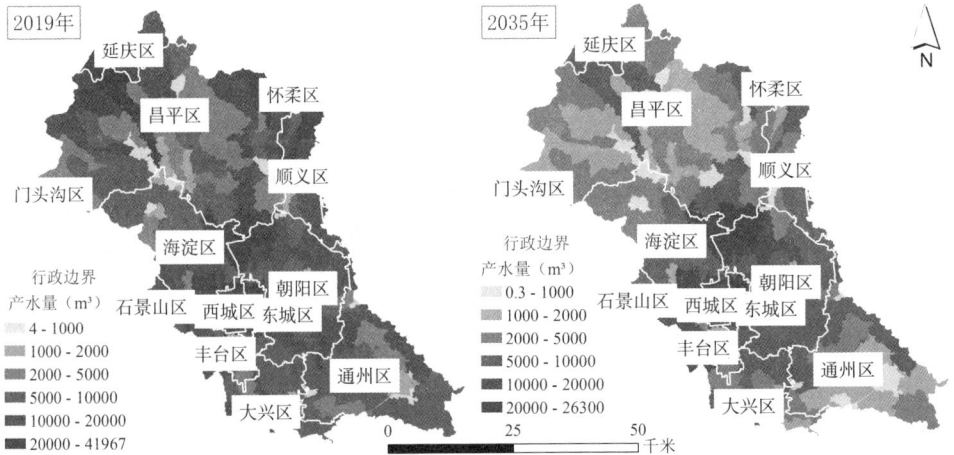

图6-12　北运河流域枯水年现状及规划情景产水量的空间分布

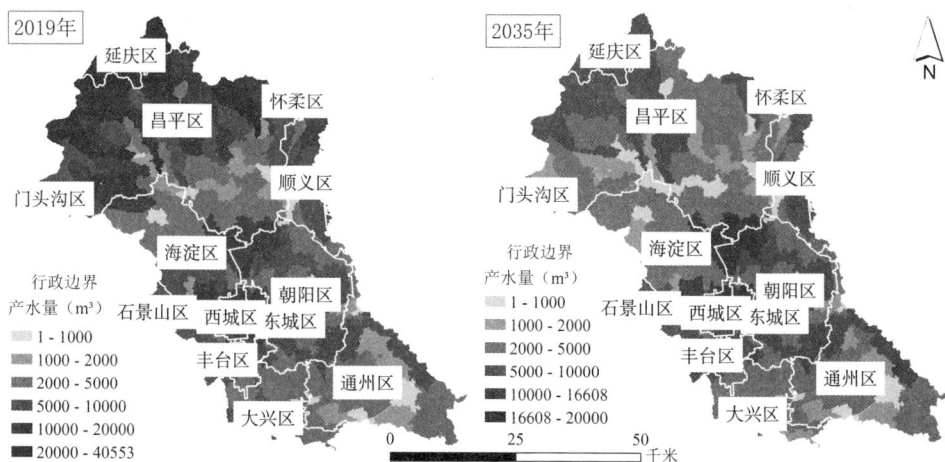

图 6-13　北运河流域特枯水年现状及规划情景产水量的空间分布

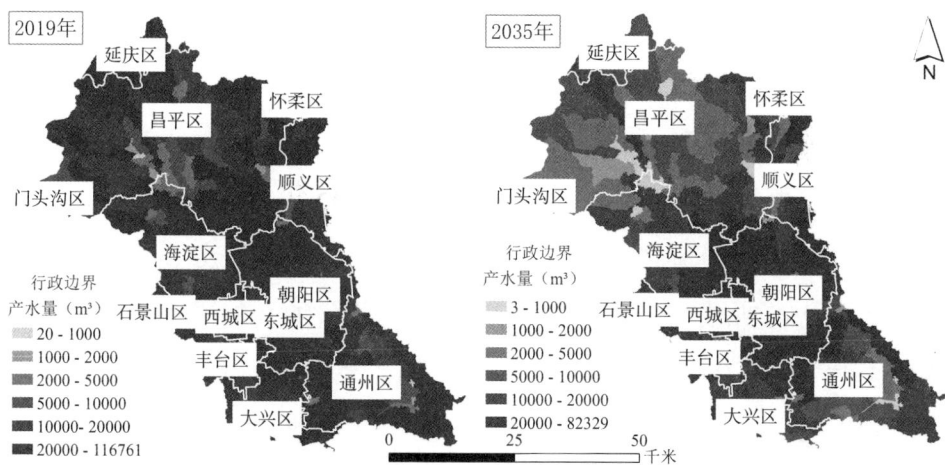

图 6-14　北运河流域丰水年现状及规划情景产水量的空间分布

二、生态空间变化对水调节服务的影响

（一）水调节量

由表 6-4 可知，现状生态空间的水调节总量在不同水文年均高于规划情景。具体，现状生态空间在平水年共调节水量 1.36×10^{11} m^3，规划情景调节水量 7.51×10^6 m^3；枯水年现状生态空间的水调节量比平水年减少了 1.35×10^{11} m^3，规划情景水调节量减少了 5.14×10^3 m^3；特枯水年现状生态空间的水调节量为 8.94×10^7 m^3，规划情景比现状条件减少 8.36×10^7 m^3；丰水年现状生态空间全年调节水量 2.11×10^8 m^3，而规划情景减少了 94.2%。总体来看，现状条件和规划情景不同水文年生态空间的水调节量均集中于汛期，如平水年现状条件汛期水调节量占比 70.95%，非汛期仅占 29.05%；规划情景汛期水调节量占比有所减少，为 57.15%，但非汛期水调节量占比比现状条件增加 13.8%，这说明随着规划情景生态空间面积的增加，生态空间的水调节总量在汛期减少而非汛期增加。

（二）水文过程

表 6-3 为流域在不同水文年现状及规划情景不同地表覆被条件的主要水文过程变化特征。相较于 2019 年，2035 年流域蒸散发、地表径流贡献量、地下径流贡献量、侧向流贡献量、土壤水分、产水量在不同水文年均有所减少，而地下水补给量有所增加。如平水年规划情景蒸散发由 42762.94 ㎜减少到 34441.20 ㎜，地表径流贡献量由 2019 年的 10612.90 ㎜减少到 2035 年的 6939.05 ㎜，减少了 34.62%；地下径流贡献量减少了 3913.60 ㎜；侧向流贡献量减少了 70.03%。地表径流、地下径流及侧向流的变化最终导致流域产水量由 2019 年的 19796.88 ㎜减少到 2035 年的 9387.91 ㎜，减少了 10408.97 ㎜。2035 年流域的地下水补给量远高于 2019 年（增加了 222.55%），说明规划情景下生态

空间面积增加虽然会减少流域产水量，但会增加地下水补给量。这主要是因为规划情境下生态空间面积增加的部分主要位于平原区，而平原区由于地势低平，水文过程以垂向为主，地表水主要以面状入渗方式补给地下水。生态空间面积的增加减缓了地表产流过程，同时植被覆盖度增加，使得流域的下渗能力大大增强，通过根部区域渗漏的水量增加，使得地下水补给量显著增加。根据《北京水资源公报》，2019年末，北京市地下水平均埋深为22.71 m，地下水埋深大于10 m的区域面积为5257 km²，2019年地下水位比1960年下降了19.52 m，形成555 km²的地下水降落漏斗（最高闭合等水位线）区。从分布来看，北运河流域是北京2019年地下漏斗的主要区域（朝阳区的黄港、长店至顺义区的米各庄一带）。通过上述分析可知，规划情景下流域生态空间面积的增加会使得地下水补给量增加，这对于地下漏斗填充、地下水位抬升具有重要的意义。事实上，目前南水北调水是北京地区地下水回补的来源之一，有研究表明南水北调水使北京地下水的累积损耗减少了约 3.6×10^9 m³，2006—2018年南水北调水的地下水回补量占到了地下水总回补量的40%，并且这种复苏将在未来十年继续（Long et al.，2020）。因此，本书得到的生态空间面积增加使得地下水补给量增加的这一结果，不仅对北京地区地下水位恢复有重要的意义，也能在一定程度上缓解南水北调的压力。

本书中生态空间面积增加导致蒸散发减少的原因，可能是植被对地表的遮蔽使得进入土壤的热通量减少，从而减弱了蒸发（Cascone et al.，2019）。本书得到的这一结果与部分研究不一致，有研究表明林地等面积的增加会导致蒸散发量的增加，并且流域蒸发量的减少意味着产水量的增加（Hawthorne et al.，2013），但事实上，蒸发过程通常由温度控制，在现实中降水、温度和蒸发在水文循环中表现为密切而复杂的相互作用关系（Legesse et al.，2003）。研究结果不一致的原因可能是受到了研究尺度、区域气候条件、土地利用结构和地形等多种因素的综合影响（Lu et al.，2013；Lei et al.，2021）。

另外，本书得到的生态空间面积增加导致地下水补给量增加的这一结果也与传统观点有所不同。传统观点中一般会认为林地面积增加会导致植被蒸散发能力的增强，进而使得地下水补给量减少（Adane et al.，2018）。但也有一部分研究得到了与本书一致的结论，如 Ilstedt et al.（2016）就认为，适度的植被覆盖可以增加地下水补给，通过植树造林叠加各种管理措施的方式可以有效改善地下水资源；Ouyang et al.（2019）的研究结果也表明，与农田相比，通过林地向地下水的补给量略有增加而不是减少。出现上述不同结论的原因可能是区域气候、降水强度、树木种类、坡度、土壤类型、根系深度、种植密度等构成的生态系统的组合不同（Silveira et al.，2016）。

（三）储水释水潜力

从不同水文年水调节量变化（表 6-4）可知，现状生态空间在平水年、枯水年、特枯水年及丰水年全年以发挥储水功能为主；规划情景生态空间在平水年、枯水年及特枯水年全年主要功能是储水，在丰水年则是释水。如平水年全年现状生态空间储水 9.72×10^{10} m^3，规划情景下生态空间的储水量减少了 9.72×10^{10} m^3；枯水年现状生态空间储水 3.93×10^7 m^3，规划情景为 7.24×10^5 m^3；特枯水年现状生态空间储水 3.4×10^7 m^3，相比之下规划情景减少了 93.16%。

从汛期和非汛期水调节量的变化来看，现状生态空间在不同水文年的汛期主要发挥储水功能，非汛期发挥补枯作用；随着规划情景生态空间面积的增加，生态空间在汛期以释水为主，在非汛期则以储水为主。这是因为生态空间面积的增加使得汛期有植被覆盖条件的产水量更多；而非汛期由于生态系统自身水分消耗，有植被覆盖下的产水量反而少于无植被覆盖的产水量（图6-3—图6-6）。值得注意的是，不论现状还是规划情景，生态空间在特枯水年全年及汛期、非汛期均以储水为主，这可能是因为植被自身水分的消耗增加使得无植被覆盖下产水量更多。从不同水文年现状及规划情景北运河流域水调节量的变化趋势（图6-15—图6-18）也可以看出上述变化特点，与2019年水调节量峰值为正值相反，2035年北运河流域水调节量峰值以负值为主。研究表明，地表产流过程受到土壤湿度、地下水特性及河道性质等因素的综合作用（House et al.，2016）。在降水较多的情况下，植被覆盖度越高、密度越大，林冠层截留、地表枯枝落叶层截持及土壤层拦蓄的降水越多，下渗的水量也越多。

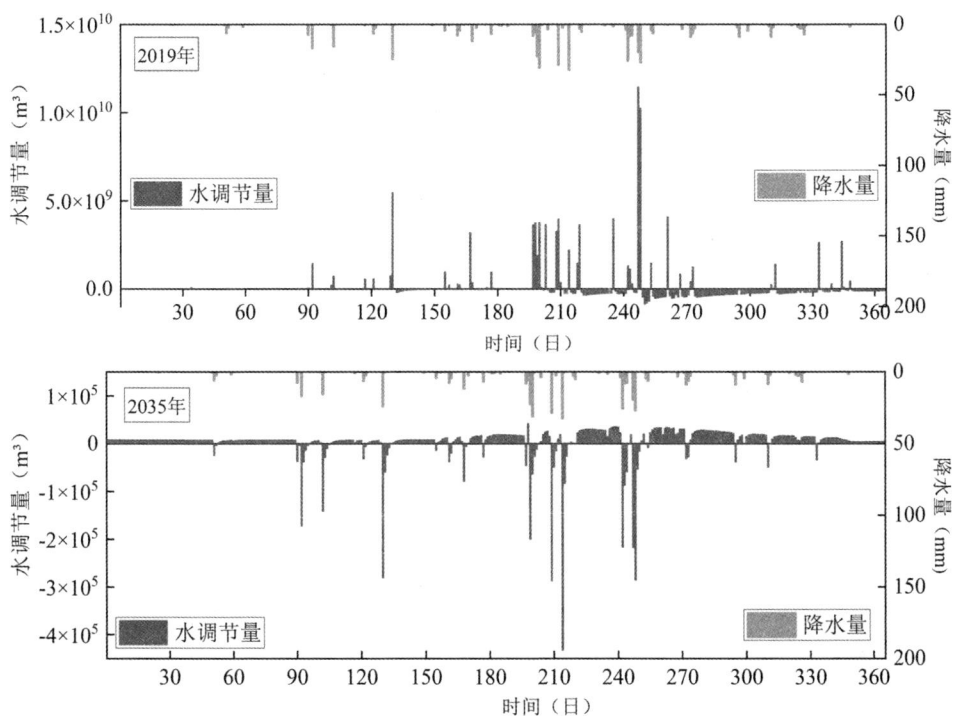

图6-15 北运河流域平水年现状及规划情景生态空间水调节量的年内变化

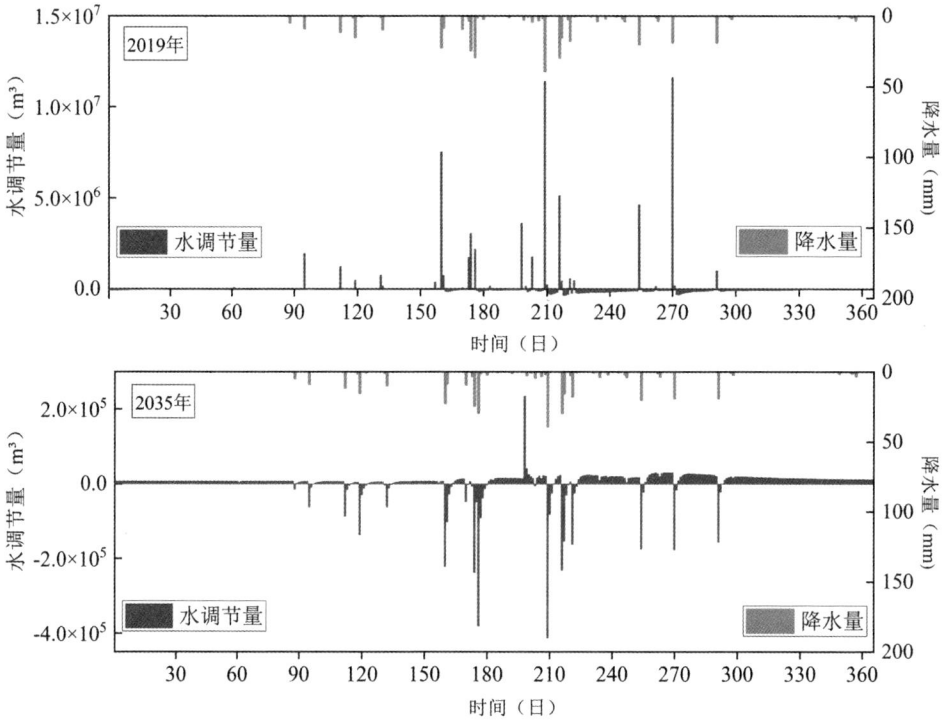

图 6-16　北运河流域枯水年现状及规划情景生态空间水调节量的年内变化

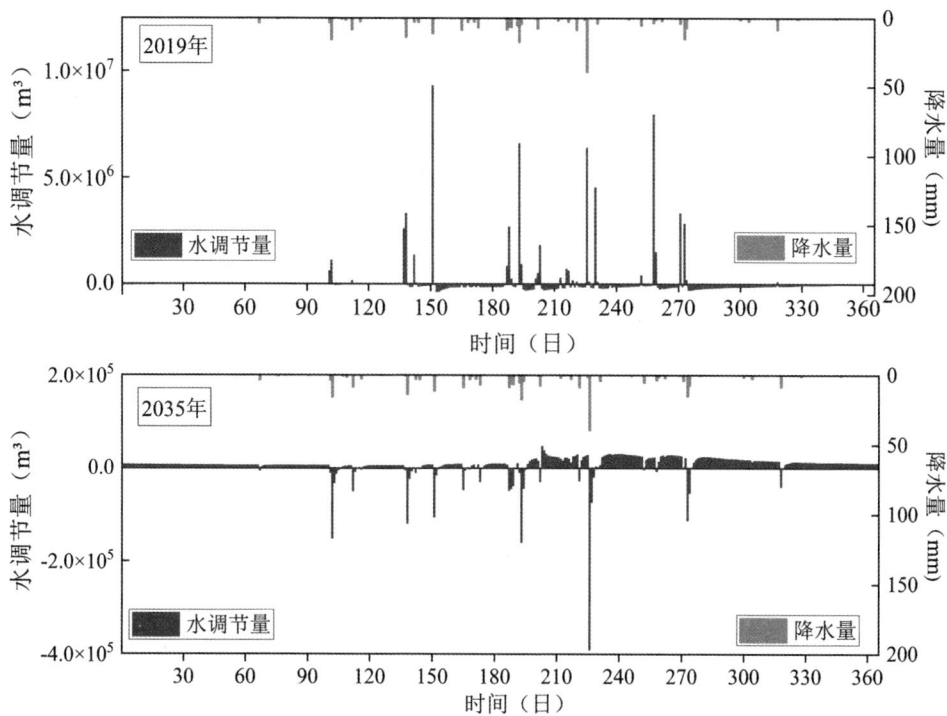

图 6-17　北运河流域特枯水年现状及规划情景生态空间水调节量的年内变化

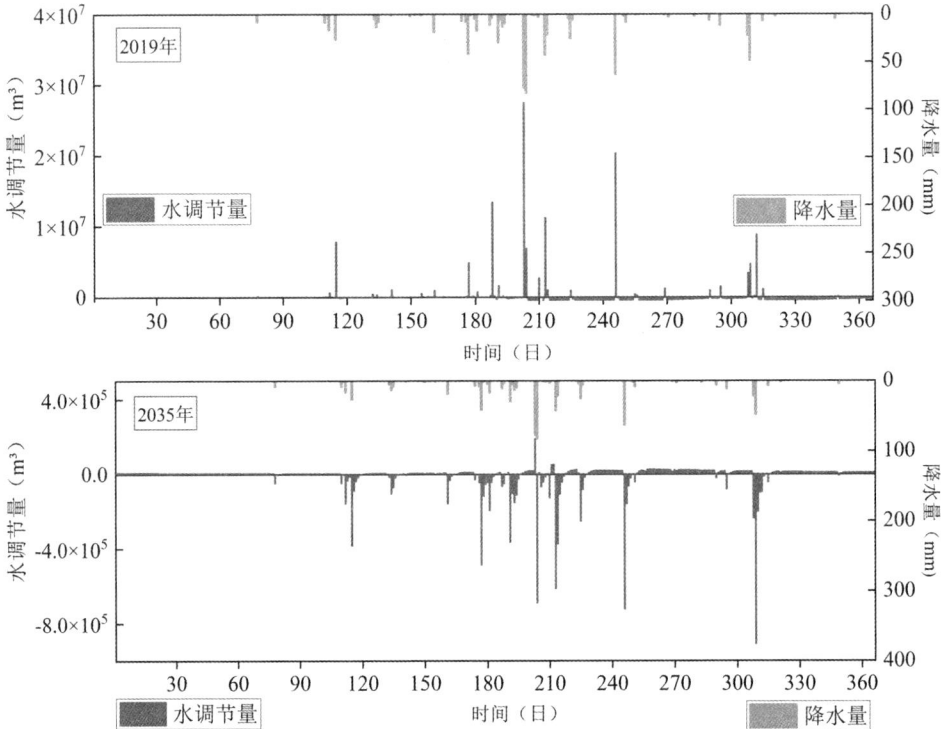

图 6-18　北运河流域丰水年现状及规划情景生态空间水调节量的年内变化

生态空间水调节量的空间分布（图 6-19 至图 6-22）特征方面，流域规划情景比现状条件以释水为主的区域面积增加，而以储水为主的区域面积减少。具体来看，2019 年北运河流域释水区域面积在不同水文年的平均值为 192.04 km²，以储水功能为主的区域面积的均值为 1416.95 km²；规划情景下流域释水区域在不同水文年的平均面积比 2019 年增加了 1224.91 km²，而储水区域面积比现状条件减少了 28.68%。此外，现状条件不同水文年流域内储水和释水功能相等区域的平均面积为 1026.13 km²，在规划情景下其面积在不同水文年均相同（446.63 km²）。由图 6-19 至图 6-22 可至知，规划情景生态空间在不同水文年储水和释水区域的界限更加清晰，流域水调节服务的空间分布特征表现更为突出。这说明随着生态空间规模的增加，北运河流域的水调节服务已经形成了非常明显的区域分布特点，即上游、下游以储水功能为主，而中游以释水功能为主。

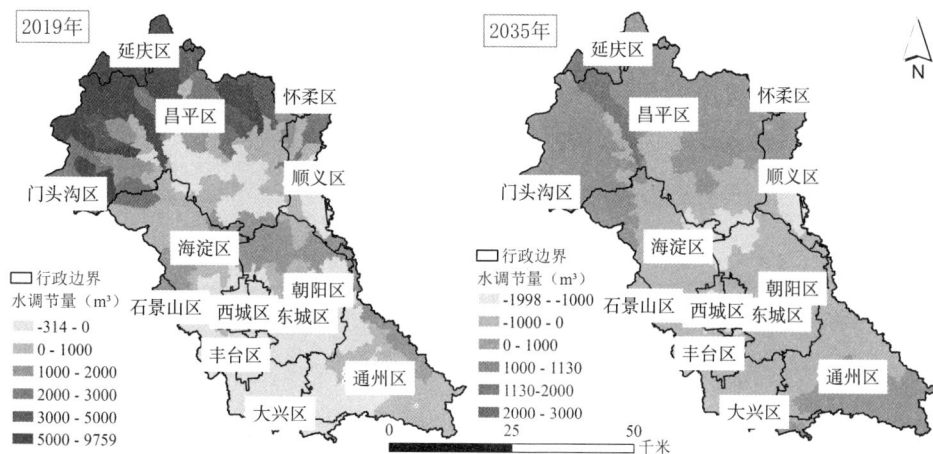

图 6-19 北运河流域平水年现状及规划情景生态空间水调节量的空间分布

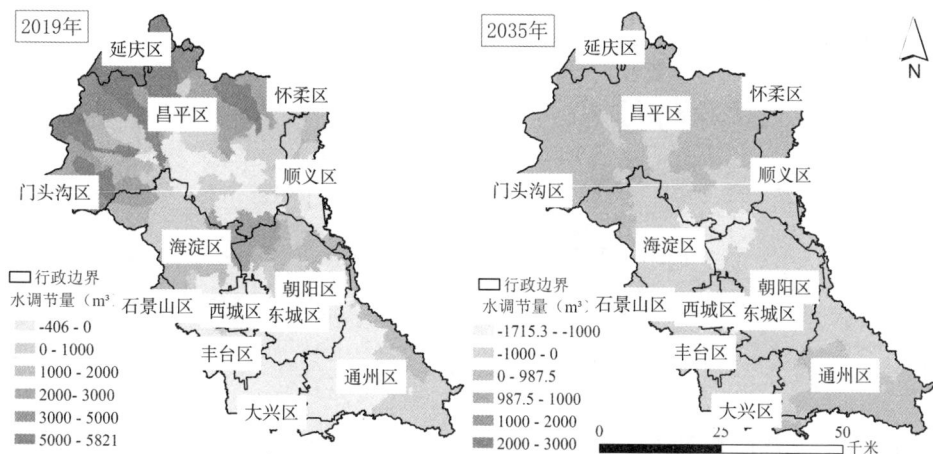

图 6-20 北运河流域枯水年现状及规划情景生态空间水调节量的空间分布

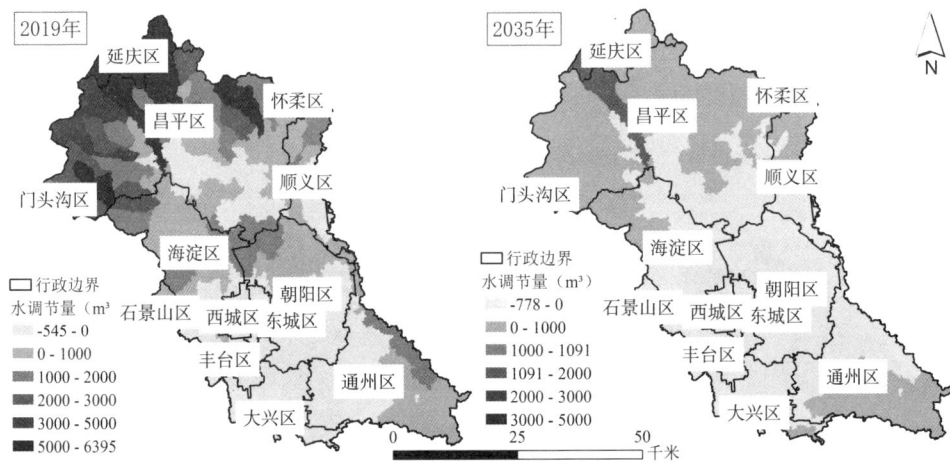

图6-21　北运河流域特枯水年现状及规划情景生态空间水调节量的空间分布

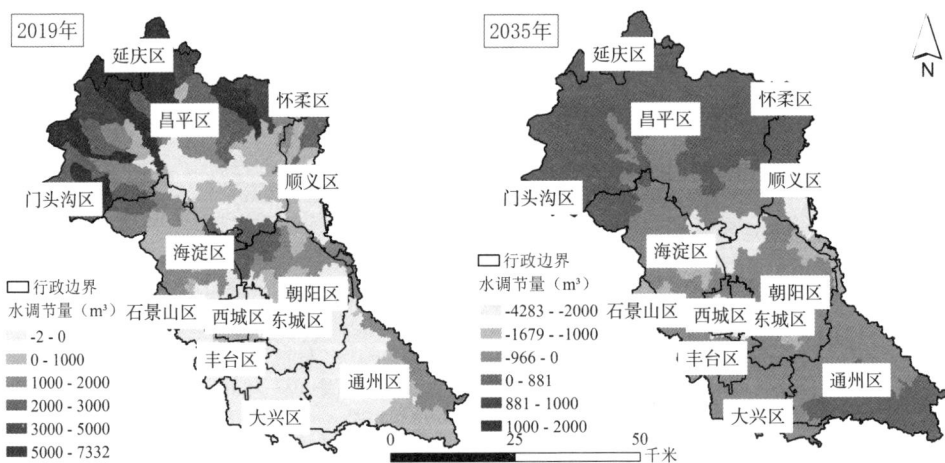

图6-22　北运河流域丰水年现状及规划情景生态空间水调节量的空间分布

第四节　规划情景下水生态系统服务特征分析

通过设置不同水文年（平水年、丰水年、枯水年、特枯水年）从流域水供给及生态空间水调节两方面分析规划情景下水生态系统服务的变化特征。

一、规划情景下水供给服务的特征

规划情景流域产水量与降水总量变化趋势一致（表 6-2），丰水年流域产水量最多（$5.33 \times 10^8 \, \text{m}^3$），平水年次之（$2.5 \times 10^8 \, \text{m}^3$），枯水年为 $1.76 \times 10^8 \, \text{m}^3$，特枯水年产水量最小（$1.44 \times 10^8 \, \text{m}^3$）。产水量集中于汛期，不同水文年汛期产水量平均占比可达 68.93%。

对比地表径流、地下径流及侧向流对产水的贡献发现，北运河流域产水量以地表径流贡献为主，不同水文年平均贡献 75.6%，侧向流和地下径流在不同水文年对产水量的贡献不同，在特枯水年以地下径流补给为主（23.02%），在丰水年和枯水年则以侧向流为主（分别为 6% 和 9.99%）。这可能是因为在降水少的年份，地表径流和侧向流发育较少，流域的产水主要由地下径流稳定供给；而在降水补给多的年份，地表径流和侧向流对产水的补给作用更显著；在降水量一般的平水年，地下径流和侧向流对产水量的贡献相差并不大（分别约占产水量的 12.45% 和 12.28%）。

分析不同水文年产水量的空间分布特征发现，降水量越多，产水量高值区面积越大（图 6-11 至图 6-14）。丰水年的产水量高于 $10000 \, \text{m}^3$ 的区域（产水高值区）面积可达 $1942.19 \, \text{km}^2$，占流域总面积的 57.03%；平水年为 $920.96 \, \text{km}^2$，其面积占比减少到 12.62%，比丰水年减少了 29.99%；枯水年子流域平均产水量高值区面积相较于丰水年减少了 1512.5 km^2，占比相应减少了 44.41%；特枯水年子流域平均产水量高于 10000 m^3 的面积减少到 176.96 km^2，仅占流域总面积的 5.2%，占比相对于丰水年减少了 51.84%。从各子流域产水量（图 6-11 至图 6-14）来看，降水量越多，平均产水量值越大。丰水年子流域内最大产水量高达 82328.68 m^3，平水年相较于丰水年产水量减少了 58.14%，枯水年为 26300.42 m^3，比丰水年减少了 68.05%；在特枯水年子流域内平均产水量最高值仅为 11920.93 m^3，比丰水年减少了 86%。总体来看流域产水高值区面积越大、产水量越多，发生洪涝的可能性也越大。

二、规划情景下生态空间的水调节服务的特征

从不同水文年生态空间水调节量的总量变化（表 6-4）来看，流域生态空间的水调节量与降水总量无明显相关关系。事实上，降水量与水调节量之间存在着非常复杂的作用机制，受到地表覆被、土壤、降水、植物生理过程等因素的综合作用。如丰水年流域生态空间的水调节量最高（$4.67 \times 10^6 \, m^3$）；其次是特枯水年（$2.33 \times 10^6 \, m^3$），比丰水年减少了 50.15%；枯水年流域生态空间共调节水量 $7.24 \times 10^5 m^3$，比丰水年减少了 84.49%；平水年生态空间的水调节量最少（$5.5 \times 10^5 \, m^3$），比特枯水年减少了 $1.8 \times 10^5 \, m^3$，比丰水年减少了 $4.1 \times 10^5 \, m^3$。

地表径流、地下径流、侧向流受降水影响不显著，在不同的水文年表现出了不同的变化特征，但地下水补给量受降水总量影响较大，降水量越大地下水补给量越多（表 6-3）。如丰水年地下水补给量最高，为 36568.24 ㎜；其次是平水年，通过根部区域渗漏水量 25144.43 ㎜，比丰水年减少了 11423.81 ㎜；枯水年流域产水的地下水补给量为 13493.12 ㎜，相对于丰水年减少了 63.10%；特枯水年流域共渗漏 10338.83 ㎜，比丰水年减少了 71.73%，比枯水年减少了 23.38%。

对比不同水文年生态空间水调节量在汛期和非汛期的变化特征发现，规划情景流域生态空间的水调节量在平水年和枯水年的汛期、丰水年全年以及汛期和非汛期均为负值，这说明规划情景流域生态空间在上述时间段释水大于储水，这对于缓解区域水资源紧缺具有重要的意义；流域生态空间的水调节量在特枯水年全年以及平水年、枯水年的非汛期均为正值，说明在上述时间段由于降水量少再加上生态系统自身的消耗及植被的蒸腾作用，释水能力降低，以发挥储水功能为主。

从水调节量空间分布（图 6-19 至图 6-22）看，北运河流域上游山区及下游区域水调节量以正值为主，而中游水调节量大多为负值。其中，水调节量为正值的面积在枯水年最大，为 1604.65 km²，占流域总面积的 47.12%；其次为平水年，其面积比枯水年减少了 59.45 km²；特枯水年水调节量为正值的区域面积为 1528.13 km²，仅比平水年减少了 17.06 km²，其面积占比比枯水年减少了 2.25%；丰水年水调节量为正值的区域面积最小，为 1489.57 km²，占流域总面积的 43.74%。另一方面，流域内水调节量为负值的面积在丰水年最大（1469.27 km²），占流域总面积的 43.14%；其次是特枯水年，其面积虽比特枯水年减少了 38.57 km²，但仍占到流域总面积的 42.01%；平水年流域内水调节量为负值的区域面积及占比均比特枯水年减少了 1%；枯水年水调节量为负值的区域面积仅为 1354.19 km²，占流域总面积的 39.77%，比特枯水年减少了 5%。这说明流域内生态空间的释水潜力在降水异常的丰水年和特枯水年较强，在平水年和枯水年稍弱。

第五节　小　结

基于《北京城市总体规划（2016—2035 年）》对北运河流域 2035 年城市空间的演变进行了模拟，通过模拟现状（2019 年）及规划情景

（2035 年）流域在平水年、枯水年、特枯水年及丰水年等不同水文年的水文过程，分析了生态空间变化对水供给和生态空间水调节服务的影响以及水生态系统服务对不同水文年的响应。

研究发现，基于北京城市总体规划的生态空间调控，使得 2035 年生态空间面积增加，分布更加集中，流域内"三生"空间的异质性降低，连通性增加。生态空间面积增加虽使得流域产水总量、产水高值区面积和产水峰值均有效减少，但增加了地下水补给量，这对区域地下水位抬升起到一定的促进作用，也使得生态空间的削峰补枯作用转为在汛期释水、非汛期储水，进一步使流域以释水为主的区域面积增加，而以储水为主的区域面积减少。

| 第七章 |

水生态系统服务影响机理 Ⅲ：
综合分析与调控对策

水生态系统服务的影响机理分析是认识城市水问题，促进水生态系统服务功能恢复和提升的重要基础。本节根据第五章及第六章的研究内容，分别从关键指数模拟及基于规划的情景模拟两方面分析生态空间对关键水生态系统服务的影响机理，结合规划情景下北运河流域水生态系统服务在不同水文年的变化特征提出相应的调控对策，并结合北京城市建设、水务发展等相关实践工作分析上述调控对策的合理性与可行性。

第一节　生态空间对关键水生态系统服务
——水供给的影响机理

本书以产水量为依据评价流域的水供给服务，通过对比生态空间极度退化情景（裸地）及实际生态空间条件北运河流域的产水量，分析生态空间对水供给服务的影响机理（图 7-1）。产水量指在扣除通过河床传输的水损失及池塘截留后由子流域进入主河道的总水量，包括地表径流、侧向流和地下径流。

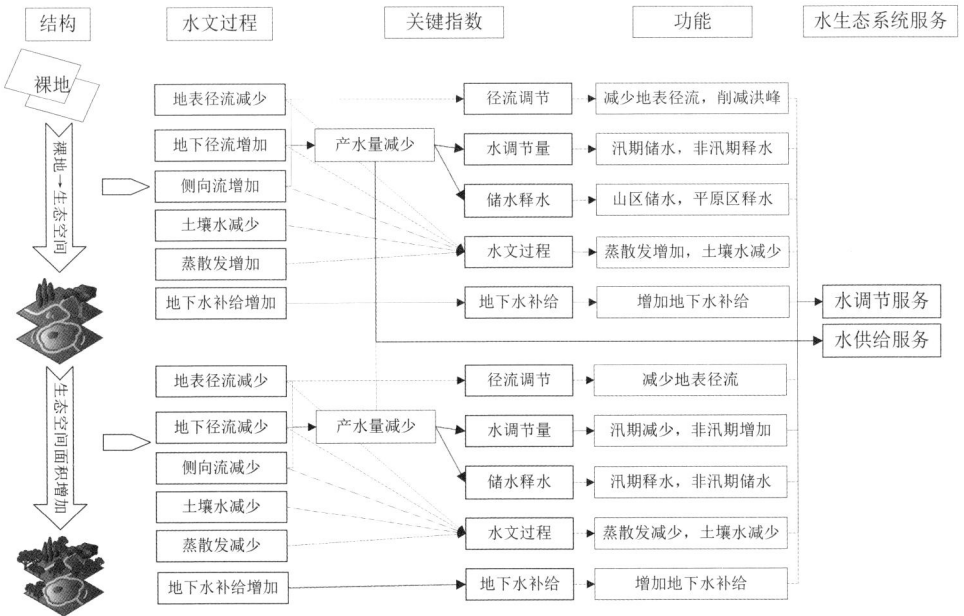

图 7-1　生态空间对关键水生态系统服务——水供给和水调节的影响机理

　　生态空间的存在使得林冠劫持、土壤存蓄、枯枝落叶层截留等作用大大增强，地表径流减少，地下径流和侧向流增加。由于地表径流贡献量是产水量的主要来源，因此总体来看，生态空间的存在使得在扣除通过河床传输的水损失及池塘截留后由子流域进入主河道的总水量减少，从而导致整个流域出口总产水量的减少，地表水的供给服务减弱。另一方面，生态空间对降水的拦截作用增强，减缓了地表产流过程，使得通过植物根区渗漏的水量增加，进一步增加地下水补给量，地下水的供给服务增强。

　　生态空间面积增加的情况下，在地表径流减少的同时，植被生长所需导致大量水分被耗散，地下径流和侧向流减少，从而导致了流域总产水量减少，地表水供给服务变弱。并且地下径流和侧向流的减少，使得地表径流对产水量的贡献增加，地下径流和侧向流的贡献减少。

此外，生态空间面积增加会导致林地、草地等生态空间会通过冠层拦截、地表截留、下渗等方式影响产流过程，将降水更多地转化为土壤水和地下水，增加地下水补给，地下水供给服务变强。

第二节　生态空间对关键水生态系统服务
——水调节的影响机理

本书从生态空间的水调节量、生态空间对地下水补给、径流调节的影响及生态空间的储水释水潜力等方面综合分析生态空间对水调节服务的影响机理（图7-1）。总体来看，由于水调节服务内涵较丰富，生态空间的水调节服务具有一定的复杂性，具体表现在：（1）水调节量方面，由于水调节量的计算是基于流域实际有生态空间情景与生态空间极度退化情景的产水量差值，因此生态空间被视作生态系统整体。生态空间的存在使流域的水文过程更加复杂，降水需经过冠层拦截、枯枝落叶层及土壤层拦蓄、植物吸收蒸腾等一系列过程后，最终在流域出口产水。相比于产水量，生态空间水调节量受植被自身吸收、蒸腾等作用的综合影响，其变化具有更大的不确定性。总体来看，生态空间面积增加使得水调节量减少。（2）径流调节方面，不论是在裸地向实际生态空间的转化过程中还是在生态空间面积增加的条件下，生态空间一直起到减弱地表产流过程、减少地表径流贡献量的作用。因此，生态空间的存在或增加均使得其径流调节服务增强。（3）地下水补给方面，林地、草地等生态空间通过减缓地表产流过程，增加降水入渗并将其转化为土壤水和地下水，增加地下水补给。生态空间面积增加使上述过程表现得更加明显，并且由于北运河流域生态空间规模扩大的区域主要位于平原区，平原区由于地势低平水文过程以垂向为主，地表水主要以面状入渗方式补给地下水，在这种情况下使得地下水补给量增加显著。因此总体来看，生态空间的存在或增加均使得地下水供给服务增强。（4）水文过程方面，生态空间对水文过程的影响具有复杂性。实际条件下生态空间存在使流域蒸散发增加、地下水补给量、侧向流贡献量和地下水贡献量增加，相比于无生态空间覆盖的裸地生态空间，有植被生态空间由于对地表产流的拦蓄和本身蒸腾、吸收所需导致土壤水分和地表水贡献量均呈减少的趋势。而生态空间面积增加则会使流域蒸散发、地表径流贡献量、地下径流贡献量、侧向流贡献量、土壤水分均有所减少，而地下水补给量增加。值得注意的是，在由裸地生态空间到实际生态空间的转化中蒸散发增加，而在生态空间面积增加的规划情景中蒸散发则表现为减少的特点。这是因为在流域实际生态系统中，除了地表及土壤水分的蒸发外，植被还会通过气孔蒸腾等向外界扩散大量水分，从而导致在同样气象条件下有生态空间的蒸散发量更高；而生态空间面积增加导致蒸散发量减少的原因，可能是植被对地表的遮蔽作用。（5）储水释水潜力方面，一般情况下，生态空间在汛期储水潜力较大，非汛期释水潜力较大，可以发挥削峰补枯的作用；随着生态空间面积的增加，其储水释水潜力发生变化，具体表现在生态空间在汛期以释水为主，在非汛期以储水为主，并且生态空间的储水潜力与其面积表现出了相关性，生态空间规模越大，储水越多。

第三节　城市空间功能与水生态系统服务的影响机理：综合分析

推进生态—生产—生活功能相协调是当前我国国土空间开发的重要目标，提升人类生态福祉是当前我国开展国土空间生态要素修复的本质。城市空间功能，特别是生态空间所提供的生态系统服务，是协调城市人地关系的关键，既是城市绿色转型发展的科学基础，也是实践的重要依据。生态空间的演化会改变区域生态系统的结构，影响生态系统物质循环、能量流动、信息传递的过程。对于一个高度复杂的城市复合生态系统而言，自然、社会、人类子系统形成了一个相互影响、相互作用的有机整体。在此背景下，维护城市区域生态系统的关键在于结构、功能以及能量输入输出上的稳定、高效。城市区域（如城市典型流域）受剧烈的城市化进程的影响，城市空间格局受到影响，生态空间受到挤占，生态系统服务（如水生态系统服务）供应能力受到威胁（图 7-2）。因此，探析城市空间功能，特别是生态空间，对水生态系统服务影响的规律性，对于促进城市持续发展具有重要的理论意义与实践价值。

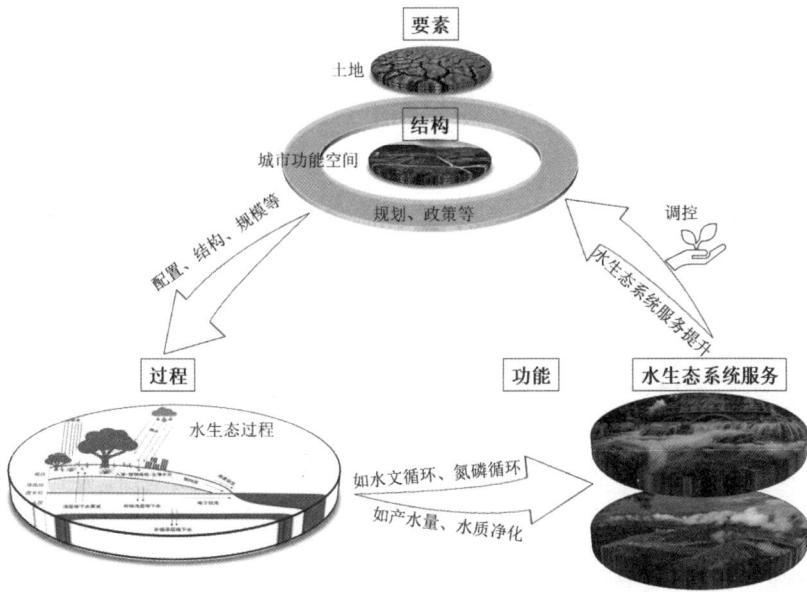

图 7-2　城市空间功能与水生态系统服务的影响机理

基于景观生态学中"结构—过程—功能—服务"的理论框架，本书以北运河流域为例研究了城市空间功能的演变、生态空间和水生态系统服务的影响机理。结果发现流域城市空间经历了剧烈的演变过程，生活空间扩张明显，生产空间受到严重挤占，生态空间规模总体增加，但结构变化复杂；生态空间演变的水生态系统服务——水供给和水调节服务作用明显，具有时空分异性，并具有一定的提升潜力。

不同的城市空间类型，不同城市空间功能引导下，水生态系统服务的重要性有显著差异，这种差异是解决实践问题的重要科学依据。不同性质的城市空间，其生态系统服务重要性不同，因此，需要从空间功能入手，城市居民生态福祉提升入手，在考虑城市生态恢复时应找出关键的水生态系统服务。类似北京这样的山地—平原（盆地）特大城市，流域（例如北运河流域）的水生态过程对城市空间的生态保障起着非常重要的作用。基于水生态过程来思考生态系统服务、协调城市人地关系，我们认为水生态系统服务的理论或观点具有重要的理论意义和实践价值。因此，建议从水生态要素的恢复入手，重点考虑区域关键水生态系统服务（如水供给、水调节等）的关键指数（如产水量）等，来提升水生态系统服务能力，协调城市人地关系，促进小流域综合治理与城市生态恢复。

第四节　水生态系统服务的调控对策及建议

前文通过对水生态系统服务关键指数的模拟分析了水生态系统服务的时空演变，基于情景模拟分析了生态空间变化对水生态系统服务的影响及规划情景下水生态系统服务的变化特征。为促进水生态系统服务的提升，特提出以下的调控对策及建议。

（一）逐步提升水供给服务

在北京市的五大水系中，北运河水系承担的主要功能是防洪和排污，其水供给能力较弱，尤其是规划情景下生态空间面积增加导致其地表水供给服务减弱。因此，促进水供给服务恢复是当前该流域生态修复工作的重点，可以从以下几方面逐步展开：（1）重建微小水系。北运河流域平原地区自然水系主要由干流的运河主河道和沟渠等组成，但通过实地调查发现流域内沟渠等"细枝末节"大多丧失了基本的生态功能。因此，北运河流域水生态系统服务提升的首要工作便是重建微小水系，恢复其生态功能。（2）促进水系连通。在恢复微小水系自然水文过程的基础上，促进流域内水系连通，通过微小尺度上产水等过程的汇集，实现整个流域水生态系统服务的提升。（3）保持流量稳定。本书分析发现产水量受降水影响较大，具有季节性变化特征。水是维持整个生态系统健康最基础的条件，对于季节性河流而言，维持生态基流稳定并在水量不足时通过生态补水等方式维持生态系统的正常运转。北京市水务局已经确定了针对永定河和潮白河的生态补水方案以促进流域综合治理和生态修复。

（二）多角度协同，提升水调节服务

水调节服务内涵宽泛，因此水调节服务的提升需要从含水层补给、储水释水、径流调蓄等多方面考虑。（1）加强地下水供给。本书分析发现，北运河流域生态空间存在或规模增加均会使得地下水补给量增加，这对地下漏斗填充、地下水位抬升具有重要的意义。地下水位不仅对城市的基础设施建设具有重要意义，而且也在一定程度上影响着生态系统的格局和稳定性。当前，需以地下漏斗填充为目的加强地下水供给，促进地下水位抬升并保持一定的生态水位。（2）加强海绵城市建设。海绵城市的设计理念是通过透水、渗水等方式净化水质并将多余的降水吸收并存储，以便在需要时进行释放并加以利用。结合本书相关结论，若能通过海绵城市建设将汛期产出的水蓄存并在非汛期加以利用，则既能解决汛期产水过多可能导致的洪涝问题，也能在一定程度上缓解非汛期水资源紧缺的程度。我国已出台多个文件促进海绵城市建设，部分城市也已经开展了海绵城市建设试点。《国务院办公厅关于推进海绵城市建设的指导意见》就指出通过建设雨水花园、下凹式绿地、人工湿地等措施，增强公园和绿地系统的城市海绵体功能，为蓄滞周边区域雨水提供空间。[①]《北京市节水行动实施方案》进一步提出了加强雨水集蓄利用等基础设施建设，并研究利用绿地、林地等地下空间建设雨水储水池的可行性。[②]（3）提升生态空间质量。本书中基于规划情景的水生态系统关键指数模拟结果表明，生态空间规模的扩大会增加土壤水分、地下水下渗等，但同时植物自身生长所需及蒸腾作用也会导致大量的水分被耗散，使得生态空间在汛期产水和非汛期耗水的增加，进而加重多雨期的洪涝和少雨期的干旱。这主要是因为规划情景下生态空间增加的部分主要为林地，而林地面积的增加使得2035年北运河流域在汛期会产出更多的水，而非汛期会消耗更多的水。结合相关研究结果，同等条件下草地的蒸散发量要小于林地，而产水量等于或小于林地（Hibbert，1969）；并且森林生态系统的生物多样性与水调节服务之间存在正向作用（Elliott et al.，2017；Esquivel et al.，2020）。北京市园林绿化局的数据也表明，北京市人工纯林比重较高且林分密度偏高。[③] 因此，可以通过增加生态空间组成的复杂性，优化生态空间的结构，减少水分损耗。可持续生态空间建设的关键在于选取合适的

① 国务院办公厅. 国务院办公厅关于推进海绵城市建设的指导意见[EB/OL]. [2020-4-28]. http://www.gov.cn/zhengce/content/2015-10/16/content_10228.htm.

② 中共北京市委生态文明建设委员会. 中共北京市委生态文明建设委员会关于印发《北京市节水行动实施方案》的通知[EB/OL]. [2020-4-25]. http://swj.beijing.gov.cn/zwgk/zcfg/zxzc/202011/t20201102_2126788.html.

③ 北京市园林绿化局.《北京市"十三五"时期园林绿化发展规划》实施情况中期评估报告[EB/OL]. [2020-4-21]. http://yllhj.beijing.gov.cn/zwgk/ghxx/gh/202012/t20201201_2154689.shtml.

植物物种（Asgarzadeh et al., 2014）。随着未来温榆河成长型公园的建设，流域内生态空间将更趋于多样化。[①] 对于北京而言，还需选用耐旱、节水、环境适应能力强的树木与花草品种等。[②] 因此，在增加生态空间规模的同时，通过生态空间结构、空间配置（如立体绿化）等的优化，提升其质量是保障流域水生态系统服务的基础，需在城市绿化规划中进行深入探讨。如北京市在针对首都功能核心区的详细规划中就指出，要拓展增绿方向，合理设置垂直绿化与屋顶绿化，通过优化植物配置提升绿视率水平。[③]

（三）扩大中心城区生态空间规模，保持流域水生态系统服务的平衡

前文分析表明，中心城区在现状（2019年）及规划情景（2035年）下的产水量均较高，这一方面与中心城区硬化面积大导致的降水在短时间内聚集且不易下渗有关；另一方面也与中心城区生态空间规模小且破碎化程度高有关。根据《北京市主体功能区规划》，以东城区和西城区为主的中心城区的主要职能为首都核心功能区。这一功能定位及其本身建筑的特殊性决定了中心城区较难实施大范围的生态空间建设，且该区域城市化水平较高，具有完全自然属性的国土空间较少。通过本书中北京市生态空间的分布情况以及生态空间的内涵可知，生态空间既可大规模连片分布，也可零星分布，这说明实际中的生态空间可

---

① 中共北京市委. 中共北京市委关于制定北京市国民经济和社会发展第十四个五年规划和二〇三五年远景目标的建议 [EB/OL]. [2020-4-25]. http://www.beijing.gov.cn/zhengce/zhengcefagui/202012/t20201207_2157969. html.

② 中共北京市委生态文明建设委员会. 中共北京市委生态文明建设委员会关于印发《北京市节水行动实施方案》的通知 [EB/OL]. [2020-4-25]. http://swj.beijing.gov.cn/zwgk/zcfg/zxzc/202011/t20201102_2126788.html.

③ 北京市规划和自然资源委员会. 打造低碳生态城市，建设一个以人为本的绿色北京 [EB/OL]. [2020-2-21]. http://ghzrzyw.beijing.gov.cn/zhengwuxinxi/gzdt/sj/202001/t20200119_1617896.html.

以包含区域内重要生态屏障，也可以零星穿插于生活空间及生产空间内部。因此，以生态空间腾退、"见缝插绿"等方式增加城市绿地是扩大该区域生态空间规模的主要途径。如《北京城市总体规划（2016—2035年）》提出了对首都功能核心区的非首都功能疏解和空间腾退；[①]在针对该区域的街区层面的控制性详细规划中，进一步提出了对东城区和西城区采取留白增绿，增加小微绿地、口袋公园等方式提升公共开放空间覆盖率。[②]

（四）通过分区控制加强流域综合治理和差异化管理，全面促进城市空间（流域）水生态系统服务的提升

城市空间功能、水生态系统服务及其相互作用具有复杂性，需要流域综合治理。城市空间功能、水生态系统服务具有空间分异性，需要分区控制与差异化管理。前文分析表明，2035年北运河流域的水调节服务具有明显的区域分布特点，即上下游以储水为主，中游以释水为主。通过本书的分析可知，西北部山区是北运河流域水源涵养的重要生态区和主要产水区。西北部山区以林地、草地为主，植被覆盖度高，连续性较好，能够有效地拦蓄降水、调节径流；而中心城区由于生态空间面积小，分布不连续且破碎化程度高，是流域产水较多的区域，有可能导致城市内涝问题。满足用水需求，既要依靠水资源的节约和科学配置，又要恢复并扩大水源涵养空间。[③]因此，需要维护西北部山区及下游区域林地和草地等生态空间的稳定与健康，加强对水源

① 北京市规划和国土资源管理委员会.北京城市总体规划（2016年—2035年）[EB/OL].[2020-2-15]. http://www.beijing.gov.cn/gongkai/guihua/wngh/cqgh/201907/t20190701_100008.html.

② 北京市规划和自然资源委员会.首都功能核心区控制性详细规划（街区层面）（2018年—2035年）[EB/OL].[2020-2-21]. http://www.beijing.gov.cn/zhengce/zhengcefagui/202008/t20200828_1992592.html.

③ 国务院办公厅.国务院办公厅关于加强城市内涝治理的实施意见[EB/OL].[2020-4-27]. http://www.gov.cn/zhengce/content/2021-04/25/content_5601954.htm.

涵养重要区的保护；同时在中心城区加强城市排水管网等的建设及管理，提高雨水排放能力。

北京市也确定了针对城区、山区、浅山区的分区控制管理方案，如在山区进行宜林荒山绿化、生态林升级改造，浅山区加大造林绿化和生态修复力度，城区进行城市生态空间织补和生态修复，[①] 可以看出通过分区协作加强综合治理是当前工作的重点。《北京城市总体规划（2016—2035 年）》也提出要推进区域生态协作，推进山区和平原地区互补发展。[②] 北京市水务局明确将制定北运河流域的水生态空间管控规划作为"十四五"开局之年水务工作的重要任务之一。[③] 针对中心城区排水管网建设的问题，2021 年 4 月 25 日《国务院办公厅关于加强城市内涝治理的实施意见》（国办发〔2021〕11 号）发布，提出要结合国土空间规划和城市基础设施建设等规划，形成流域、区域、城市协同匹配，河湖水系和生态空间治理修复与排涝通道建设等相结合的城市排水防涝工程体系；针对老城区，提出了结合更新改造，修复自然生态系统，补齐排水防涝设施短板的要求。[④]

---

① 刘菲菲, 武红利. 蔡奇在深入推进疏解整治促提升促进生态文明与城乡环境建设推动首都高质量发展动员大会上强调发扬"三牛"精神 抓好疏整促和生态环境建设 推动首都高质量发展 陈吉宁主持 李伟吉林张延昆出席 [N]. 北京日报, 2021-02-19.

② 北京市规划和国土资源管理委员会. 北京城市总体规划（2016 —2035 年）[EB/OL]. [2020-2-15]. http://www.beijing.gov.cn/gongkai/guihua/wngh/cqgh/201907/t20190701_100008. html.

③ 北京市水务局. 2021 年北京市水务工作报告[EB/OL]. [2020-4-25]. http:// swj.beijing. gov.cn/zwgk/ghjhzj/202102/t20210205_2277831.html.

④ 国务院办公厅. 国务院办公厅关于加强城市内涝治理的实施意见[EB/OL]. [2020-4-27]. http://www.gov.cn/zhengce/content/2021-04/25/content_5601954.htm.

| 第八章 |
结论与展望

　　城市空间功能与水生态系统服务的影响机理分析是水生态系统服务提升的关键。本书从城市空间功能分类（"三生"空间）的视角，以北运河流域为例，研究了城市空间的演变机制；基于"结构—过程—功能—服务"的逻辑框架，分析了城市生态空间与水生态系统服务的影响机制；在水生态系统服务内涵界定等理论探讨的基础上，依据北京市的实际需要选取水供给和水调节作为区域关键的水生态系统服务类型，基于 SWAT 模型模拟了水生态系统服务关键指数，基于规划的水生态系统服务关键指数情景模拟结果揭示了生态空间与水生态系统服务的影响机理，提出了促进水生态系统服务提升的调控对策，研究结果可以为城市优化管理提供科学依据。本书得到的主要结论、创新点、不足与展望总结如下。

第一节　主要结论

一、构建了城市空间功能与水生态系统服务影响机理研究的理论分析框架

　　"三生"空间构成了不同尺度国土空间单元的基本要素，其演变机制研究是分析生态空间演变的重要基础；作为生态系统服务的主要来源，生态空间的准确识别是保障生态系统功能发挥的前提；城市生态空间中的生态系统服务是协调城市人地关系的关键。基于城市空间功能分类结果在探讨城市空间演变机制的基础上，结合"结构—过程—

功能—服务"的逻辑框架深入分析生态空间对水文过程的影响，通过对区域关键水生态系统服务（水供给和水调节）关键指数的模拟及基于规划的情景分析，探析了生态空间演变对水生态系统服务的影响机理，提出了生态空间演变及其对水生态系统服务影响机理的分析框架。

二、探讨了城市空间功能分类，"三生"空间演变强烈、区域差异显著

在城市空间概念及功能分类分析的基础上进行了"三生"空间演变模拟，发现1990年以来北运河流域的"三生"空间演变强烈且具有区域差异性，集中体现在生活空间以东城区和西城区为中心向外扩张，侵占周边地域空间明显；生产空间受生活空间的挤占，面积显著减少，分布逐渐零散。生活空间具有一定的集聚性，与生产空间演变过程相反；生态空间受分布特点影响，规模总体增加，结构变化复杂。虽然在过去的30年里人口增长和城市发展导致的建设用地扩张是城市空间演变的主要驱动力，但近年来随着主体功能区战略等相关政策对城市空间协调发展的引导作用逐渐增强，基于城市总体规划的宏观调控所发挥的效用凸显，在此影响下"三生"空间面积趋于均衡，结构趋于稳定。

三、生态空间演变的水生态系统服务作用明显，尤其是对水供给和水调节服务等关键指数影响显著，且具有复杂性

1990—2019年流域产水量年际变幅较大，总体呈减少趋势；产水量受降水总量及雨强影响较大，具有明显的季节性特征。生态空间的存在使地表截留作用增强，起到减少地表径流的作用；生态空间在汛期储水潜力较大、非汛期释水潜力较大，在一定程度上起到削峰补枯的作用。生态空间面积增加虽导致流域产水量减少，但使地下水补给量增加，有助于区域地下水位恢复与抬升；也使产水高值区面积和产水峰值有效减少，有助于缓解洪涝威胁；进一步使得以释水为主的区

域面积增加，以储水为主的区域面积减少，同时也使生态空间在丰水年的储水功能转变为释水功能，在汛期储水、非汛期释水转变为汛期释水、非汛期储水，有可能加重区域洪涝和干旱的程度。

四、基于关键指数模拟及情景模拟探析了生态空间的存在及规模变化对关键水生态系统服务——水供给和水调节的影响机理

生态空间的存在使地表径流减少，地下径流和侧向流增加，进一步导致整个流域出口总产水量的减少，使得地表水的供给服务减弱；生态空间面积增加的情况下，在地表径流减少的同时，地下径流和侧向流减少，也会导致流域总产水量减少，地表水供给服务变弱。但生态空间存在和面积增加均会使地下水补给量增加，地下水供给服务增强。相比之下，生态空间的水调节服务由于受到生态空间本身（生态系统）吸收、蒸腾等作用的影响在水调节量、对地下水补给、径流调节的影响及储水释水潜力等方面表现出了多样化的特征，具有一定的复杂性。

五、基于规划的情景模拟揭示了生态空间时空演变规律，探析了水生态系统服务时空分异性、提升潜力与调控对策。

基于《北京城市总体规划（2016—2035年）》的调控使得2035年北运河流域生态空间面积增加显著，分布更加集中，"三生"空间的异质性降低，连通性增加。规划情景下，降水越多，流域总产水量越多；产水高值区面积越大，产水量峰值越大，发生洪涝的可能性越大。水调节服务时空分异性明显，时间上，丰水年及平水年、枯水年的汛期：释水＞储水，特枯水年及平水年、枯水年的非汛期：储水＞释水；空间上，储水区域面积：枯水年＞平水年＞特枯水年＞丰水年，释水区域面积：丰水年＞特枯水年＞平水年＞枯水年。在探寻水生态系统调控机理的基础上结合北京城市建设、水务发展等相关实践，提出了逐步恢复水供给功能、多角度协同提升水调节服务、增加中心城区生态空间规模、通过分区控制加强流域综合治理等促进水生态系统服务提升的调控对策。

第二节　创新点

一、基于相关概念界定探析了生态空间、水生态系统服务的演变机理，提出了理论分析框架

在系统文献梳理的基础上，基于城市空间演变、生态空间概念界定及识别、水生态系统服务理论与实证分析，构建了城市空间功能与水生态系统服务影响机理研究的理论分析框架，丰富了水生态系统服务的内涵，对促进区域水生态系统服务提升具有重要意义。

二、模型模拟、基于规划的情景分析等多种方法结合支撑了研究目标的实现

鉴于现有生态空间研究中的差异性，结合国内外研究进展及北京市生态空间划定实践对生态空间的概念界定与识别方法进行了探讨，从关键指数模拟及基于规划的情景模拟两方面，分析生态空间的存在及规模变化对关键水生态系统服务——水供给和水调节的影响机理。

三、基于情景模拟的调控对策研究，为实践提供了重要参考

基于《北京城市总体规划（2016—2035 年）》的生态空间演变及水生态系统服务关键指数模拟预测了未来水供给和水调节服务等的变化趋势，分析了水生态系统服务的提升潜力，并提出了相应的调控对策，可为城市绿色转型发展实践提供重要参考。

第三节　研究展望

一、提高生态空间识别精度，构建生态空间识别技术体系

生态空间的精确识别取决于研究数据空间分辨率的大小，以遥感

影像为例，空间分辨率越高，识别结果越精确。但高分辨率的影像往往难以获取，并且随着分辨率增加及研究区范围变大所产生的大数据量也是需要解决的难题，在此背景下，如何提高生态空间识别精度需要未来更加深入的研究。另外，总结生态空间识别方法并形成生态空间识别技术体系，使生态空间识别结果更好地为管理服务，为国土空间规划服务。

二、水文模型与水资源综合管理模型耦合揭示城市区域水生态系统服务的影响机制

北运河流域作为一个高度城市化的流域，其水文过程受到自然、人为因素的综合影响。本书仅就其自然水文过程进行了模拟，未考虑城市给排水、输水引水、中水利用等的影响，这可能会导致研究结果存在误差。在后续研究中尝试将水资源综合管理模型与分布式水文模型耦合，同时加强水文模型适用性研究和不确定性的定量化评估，深入分析城市区域水生态系统服务的影响机制。

三、加强关键生态系统服务之间的权衡与协同研究为决策者提供最优政策建议

本书仅以水供给和水调节作为区域关键的水生态系统服务进行探讨，一方面，二者不足以代表所有的水生态系统服务；另一方面，一些重要的生态系统服务（如水质净化、空气净化、地质灾害防护、水土保持、生物多样性保护等）没有涉及。因此，在未来城市空间格局下识别并权衡多种生态系统服务，为决策者提供最优的政策建议是下一步继续研究的方向。

参考文献

[1] Abbaspour K C. SWAT-CUP 2012: SWAT calibration and uncertainty programs-A user manual[R]. Duebendorf, Switz: 2014.

[2] Abbaspour K C, Rouholahnejad E, Vaghefi S, et al. A continental-scale hydrology and water quality model for Europe: Calibration and uncertainty of a high-resolution large-scale SWAT model[J]. *Journal of Hydrology*, 2015,524:733-752.

[3] Abunada Z, Kishawi Y, Alslaibi T M, et al. The application of SWAT-GIS tool to improve the recharge factor in the DRASTIC framework: Case study[J]. *Journal of Hydrology*, 2021,592:125613.

[4] Adam E, Mutanga O, Odindi J, et al. Land-use/cover classification in a heterogeneous coastal landscape using RapidEye imagery: Evaluating the performance of random forest and support vector machines classifiers[J]. *International Journal of Remote Sensing*, 2014,35(10):3440-3458.

[5] Adane Z A, Nasta P, Zlotnik V, et al. Impact of grassland conversion to forest on groundwater recharge in the Nebraska Sand Hills[J]. *Journal of Hydrology: Regional Studies*, 2018,15:171-183.

[6] Addor N, Do H X, Alvarez-Garreton C, et al. Large-sample hydrology: Recent progress, guidelines for new datasets and grand challenges[J]. *Hydrological Sciences Journal*, 2020,65:712-725.

[7] Allan E, Manning P, Alt F, et al. Land use intensification alters ecosystem multifunctionality via loss of biodiversity and changes to functional composition[J]. *Ecology Letters*, 2015,18(8):834-843.

[8] Arjomandi A, Mortazavi S A, Khalilian S, et al. Optimal land-use allocation using MCDM and SWAT for the Hablehroud Watershed, Iran[J]. *Land Use Policy*, 2021,100:104930.

[9] Arnell N W. Climate change and global water resources[J]. *Global Environmental Change*, 1999,9(99):S31-S49.

[10] Arnold J G, Fohrer N. SWAT2000: Current capabilities and research opportunities in applied watershed modelling[J]. *Hydrological Processes*, 2005,19(3):563-572.

[11] Arnold J G, Srinivasan R, Muttiah R S, et al. Large area hydrologic modeling and assessment part I: Model development[J]. *Journal of the American Water Resources Association*, 1998,34(1):73-89.

[12] Asgarzadeh M, Vahdati K, Lotfi M, et al. Plant selection method for urban landscapes of semi-arid cities (A case study of Tehran)[J]. *Urban Forestry and Urban Greening,* 2014,13(3):450-458.

[13] Ayivi F, Jha M K. Estimation of water balance and water yield in the Reedy Fork-Buffalo Creek Watershed in North Carolina using SWAT[J]. *International Soil and Water Conservation Research*, 2018,6(3):203-213.

[14] Bacopoulos P, Tang Y, Wang D, et al. Integrated hydrologic-hydrodynamic modeling of estuarine-riverine flooding: 2008 tropical storm fay[J]. *Journal of Hydrologic Engineering,* 2017,22(8):4017022.

[15] Bangash R F, Passuello A, Sanchez-Canales M, et al. Ecosystem services in Mediterranean river basin: Climate change impact on water provisioning and erosion control[J]. *Science of the Total Environment,*

2013,458–460:246–255.

[16] Benra F, De Frutos A, Gaglio M, et al. Mapping water ecosystem services: Evaluating InVEST model predictions in data scarce regions[J]. *Environmental Modelling and Software*, 2021,138:104982.

[17] Bertram C, Rehdanz K. Preferences for cultural urban ecosystem services: Comparing attitudes, perception, and use[J]. *Ecosystem Services*, 2015,12:187–199.

[18] Bolund P, Hunhammar S. Ecosystem services in urban areas[J]. *Ecological Economics*, 1999,29(2):293–301.

[19] Borrelli P, Robinson D A, Fleischer L R, et al. An assessment of the global impact of 21st century land use change on soil erosion[J]. *Nature Communications*, 2017,8(1):2013.

[20] Breiman L. Random forest[J]. *Machine Learning*, 2001,45:5–32.

[21] Brookshire D S, Whittington D. Water resources issues in the developing countries[J]. *Water Resources Research,* 1993,29(7):1883–1888.

[22] Byomkesh T, Nakagoshi N, Dewan A M. Urbanization and green space dynamics in Greater Dhaka, Bangladesh[J]. *Landscape and Ecological Engineering*, 2012,8(1):45–58.

[23] Cascone S, Coma J, Gagliano A, et al. The evapotranspiration process in green roofs: A review[J]. *Building and Environment*, 2019,147:337–355.

[24] Chang X, Zhao W, Liu B, et al. Can forest water yields be increased with increased precipitation in a Qinghai spruce forest in arid northwestern China?[J]. *Agricultural and Forest Meteorology*, 2017,247:139–150.

[25] Chen B, Gong H, Chen Y, et al. Land subsidence and its relation with groundwater aquifers in Beijing Plain of China[J]. *Science of the Total Environment*, 2020,735:139111.

[26] Chen T, Feng Z, Zhao H, et al. Identification of ecosystem service bundles and driving factors in Beijing and its surrounding areas[J]. *Science of the Total Environment,* 2020,711:134687.

[27] Chen Y, Wang S, Ren Z, et al. Increased evapotranspiration from land cover changes intensified water crisis in an arid river basin in northwest China[J]. *Journal of Hydrology,* 2019,574:383–397.

[28] Chillo V, Vázquez D P, Amoroso M M, et al. Land use intensity indirectly affects ecosystem services mainly through plant functional identity in a temperate forest[J]. *Functional Ecology,* 2018,32(5):1390–1399.

[29] Collins R M, Spake R, Brown K A, et al. A systematic map of research exploring the effect of greenspace on mental health[J]. *Landscape and Urban Planning,* 2020,201:1–13.

[30] Cong W, Sun X, Guo H, et al. Comparison of the SWAT and InVEST models to determine hydrological ecosystem service spatial patterns, priorities and trade–offs in a complex basin[J]. *Ecological Indicators,* 2020,112:106089.

[31] Cortinovis C, Geneletti D. Ecosystem services in urban plans: What is there, and what is still needed for better decisions[J]. *Land Use Policy,* 2018,70:298–312.

[32] Costanza R, D'Arge R, de Groot R, et al. The value of the world's ecosystem services and natural capital[J]. *Nature,* 1997,387(15):253–260.

[33] Dallimer M, Tang Z, Bibby P R, et al. Temporal changes in greenspace in a highly urbanized region[J]. *Biology Letters,* 2011,7(5):763–766.

[34] Dan B S, Moomaw C L, Davis A. Estimating recharge distribution

by incorporating runoff from mountainous areas in an alluvial basin in the Great Basin region of the southwestern United States[J]. *Groundwater*, 2010,39(6):807–818.

[35] Defries R, Eshleman K N. Land-use change and hydrologic processes: A major focus for the future[J]. *Hydrological Processes*, 2004,18:2183–2186.

[36] Deng C, Liu J, Nie X, et al. How trade-offs between ecological construction and urbanization expansion affect ecosystem services[J]. *Ecological Indicators*, 2021,122:107253.

[37] Dennedy-Frank P J, Muenich R L, Chaubey I, et al. Comparing two tools for ecosystem service assessments regarding water resources decisions[J]. *Journal of Environmental Management*, 2016,177:331–340.

[38] Dile Y T, Srinivasan R. Evaluation of CFSR climate data for hydrologic prediction in data-scarce watersheds: An application in the Blue Nile River Basin[J]. *Journal of the American Water Resources Association*, 2015,50(5):1226–1241.

[39] Douglas O, Lennon M, Scott M. Green space benefits for health and well-being: A life-course approach for urban planning, design and management[J]. *Cities*, 2017,66:53–62.

[40] Elliott K J, Caldwell P V, Brantley S T, et al. Water yield following forest-grass-forest transitions[J]. *Hydrology and Earth System Sciences*, 2017,21(2):981–997.

[41] Erica O, Jeremy L, Brad B, et al. Green roofs as urban ecosystems: Ecological structures, functions and services[J]. *BioScience*, 2007,57(10):823–833.

[42] Esquivel J, Echeverría C, Saldaña A, et al. High functional diversity

of forest ecosystems is linked to high provision of water flow regulation ecosystem service[J]. *Ecological Indicators*, 2020,115:106433.

[43] European Union. Green Infrastructure (GI)– Enhancing Europe's natural capital: Communication from the commission to the European Parliament, the Council, the European Economic and Social Committee and the Committee of the Regions[Z]. Brussels: European Commission, 2013: 2021.

[44] Feltynowski M, Kronenberg J, Bergier T, et al. Challenges of urban green space management in the face of using inadequate data[J]. *Urban Forestry and Urban Greening*, 2017,31:56–66.

[45] Ferreira P, Van Soesbergen A, Mulligan M, et al. Can forests buffer negative impacts of land–use and climate changes on water ecosystem services? The case of a Brazilian megalopolis[J]. *Science of the Total Environment*, 2019,685:248–258.

[46] Fisher B, Turner R K, Morling P. Defining and classifying ecosystem services for decision making[J]. *Ecological Economics*, 2009,68(3):643–653.

[47] Francesconi W, Srinivasan R, Pérez–Miñana E, et al. Using the Soil and Water Assessment Tool (SWAT) to model ecosystem services: A systematic review[J]. *Journal of Hydrology*, 2016,535:625–636.

[48] François M. *River basin management and development*[M]// Richardson D, Castree N, Goodchild M, et al. The international encyclopedia of geography: People, the earth, environment, and technology. Oxford: Wiley, 2017:12.

[49] Gao J, Li F, Gao H, et al. The impact of land–use change on water–related ecosystem services: A study of the Guishui River Basin, Beijing, China[J]. *Journal of Cleaner Production,* 2017,163:S148–S155.

[50] Gassman P W, Reyes M R, Green C H, et al. The soil and water assessment tool: Historical development, applications, and future research directions[J]. *Transactions of the ASABE*, 2007,50(4):1211–1250.

[51] Ghafari S, Kaviani B, Sedaghathoor S, et al. Ecological potentials of trees, shrubs and hedge species for urban green spaces by multi criteria decision making[J]. *Urban Forestry and Urban Greening*, 2020,55:126824.

[52] Ghimire S R, Johnston J M. Sustainability assessment of agricultural rainwater harvesting: Evaluation of alternative crop types and irrigation practices[J]. *PLOS ONE*, 2019,14(5):e216452.

[53] Ghosh A, Sharma R, Joshi P K. Random forest classification of urban landscape using Landsat archive and ancillary data: Combining seasonal maps with decision level fusion[J]. *Applied Geography*, 2014,48:31–41.

[54] Gómez F, Tamarit N, Jabaloyes J. Green zones, bioclimatic studies and human comfort in the future development of urban planning[J]. *Landscape and Urban Planning*, 2001,55(3):151–161.

[55] Goyette J, Cimon–Morin J, Mendes P, et al. Planning wetland protection and restoration for the safeguard of ecosystem service flows to beneficiaries[J]. Landscape Ecology, 2021.

[56] Grizzetti B, Lanzanova D, Liquete C, et al. Assessing water ecosystem services for water resource management[J]. *Environmental Science and Policy*, 2016,61:194–203.

[57] Guo Z, Xiao X, Li D. An assessment of ecosystem services: Water flow regulation and hydroelectric power production[J]. *Ecological Applications*, 2000,10:925–936.

[58] Hao H, Li Y, Zhang H, et al. Spatiotemporal variations of vegetation and its determinants in the National Key Ecological Function Area on Loess

Plateau between 2000 and 2015[J]. *Ecology and Evolution*, 2019,9(10):5810–5820.

[59] Haverkamp S, Fohrer N, Frede H G. Assessment of the effect of land use patterns on hydrologic landscape functions: A comprehensive GIS–based tool to minimize model uncertainty resulting from spatial aggregation[J]. *Hydrological Processes*, 2005,19(3):715–727.

[60] Hawthorne S, Lane P, Bren L J, et al. The long term effects of thinning treatments on vegetation structure and water yield[J]. *Forest Ecology and Management*, 2013,310:983–993.

[61] Hibbert A R. Water yield changes after converting a forested catchment to grass[J]. *Water Resources Research*, 1969,3(5):634–640.

[62] Houghton R A, Nassikas A A. Global and regional fluxes of carbon from land use and land cover change 1850–2015[J]. *Global Biogeochemical Cycles*, 2017,31(3):456–472.

[63] House A R, Thompson J R, Sorensen J P R, et al. Modelling groundwater/surface water interaction in a managed riparian chalk valley wetland[J]. *Hydrological Processes*, 2016,30:447–462.

[64] Hunter A J, Luck G W. Defining and measuring the social-ecological quality of urban greenspace: A semi–systematic review[J]. *Urban Ecosystems*, 2015,18(4):1139–1163.

[65] Hurkmans R T W L, Terink W, Uijlenhoet R, et al. Effects of land use changes on streamflow generation in the Rhine basin[J]. *Water Resources Research*, 2009,45(6):735–742.

[66] Iglesias E, Blanco M. New directions in water resources management: The role of water pricing policies[J]. *Water Resources Research*, 2008,44(6):W6417.

[67] Ikin K, Beaty R M, Lindenmayer D B, et al. Pocket parks in a compact city: How do birds respond to increasing residential density?[J]. *Landscape Ecology*, 2013,28:45–56.

[68] Ilstedt U, Bargués Tobella A, Bazié H R, et al. Intermediate tree cover can maximize groundwater recharge in the seasonally dry tropics[J]. *Scientific Reports*, 2016,6(1):21930.

[69] Immerzeel B, Vermaat J E, Riise G, et al. Estimating societal benefits from Nordic catchments: An integrative approach using a final ecosystem services framework[J]. *PLOS ONE*, 2021,16(6):e252352.

[70] Jaung W, Carrasco L R, Shaikh S F E A, et al. Temperature and air pollution reductions by urban green spaces are highly valued in a tropical city–state[J]. *Urban Forestry and Urban Greening*, 2020,55:126827.

[71] Jia P, Zhuang D, Wang Y. Impacts of temperature and precipitation on the spatiotemporal distribution of water resources in Chinese mega cities: The case of Beijing[J]. *Journal of Water and Climate Change*, 2017,8(4):593–612.

[72] Jie L, Zhong M, Zeng G, et al. Risk management for optimal land use planning integrating ecosystem services values: A case study in Changsha, Middle China[J]. *Science of the Total Environment*, 2016,579:1675–1682.

[73] Jim C Y, Chen W Y. Perception and attitude of residents toward urban green spaces in Guangzhou (China)[J]. *Environmental Management*, 2006,38(3):338–349.

[74] Kabisch N, Haase D. Green spaces of European cities revisited for 1990–2006[J]. *Landscape and Urban Planning*, 2013,110:113–122.

[75] Kabisch N, Strohbach M, Haase D, et al. Urban green space availability in European cities[J]. *Ecological Indicators*, 2016,70:586–596.

[76] Kalcic M, Chaubey I, Frankenberger J. Defining Soil and Water Assessment Tool (SWAT) hydrologic response units (HRUs) by field boundaries[J]. *International Journal of Agricultural and Biological Engineering*, 2015,8(3):69–80.

[77] Kang P, Chen W, Hou Y, et al. Linking ecosystem services and ecosystem health to ecological risk assessment: A case study of the Beijing–Tianjin–Hebei urban agglomeration[J]. *Science of the Total Environment*, 2018,636:1442–1454.

[78] Keeler B L, Polasky S, Brauman K A, et al. Linking water quality and well–being for improved assessment and valuation of ecosystem services[J]. *PNAS*, 2012,109(45):18619–18624.

[79] Kusi K K, Khattabi A, Mhammdi N, et al. Prospective evaluation of the impact of land use change on ecosystem services in the Ourika watershed, Morocco[J]. *Land Use Policy*, 2020,97:104796.

[80] Lawler J J, Lewis D J, Nelson E, et al. Projected land–use change impacts on ecosystem services in the United States[J]. *PNAS*, 2014,111(20):7492.

[81] Lee S, McCarty G W, Moglen G E, et al. Assessing the effectiveness of riparian buffers for reducing organic nitrogen loads in the Coastal Plain of the Chesapeake Bay watershed using a watershed model[J]. *Journal of Hydrology*, 2020,585:124779.

[82] Legesse D, Vallet–Coulomb C, Gasse F. Hydrological response of a catchment to climate and land use changes in Tropical Africa: Case study South Central Ethiopia[J]. *Journal of Hydrology*, 2003,275(1–2):67–85.

[83] Lei J, Wang S, Wu J, et al. Land–use configuration has significant impacts on water–related ecosystem services[J]. *Ecological Engineering*,

2021,160:106133.

[84] Li D, Wu S, Liu L, et al. Evaluating regional water security through a freshwater ecosystem service flow model: A case study in Beijing–Tianjian–Hebei region, China[J]. *Ecological Indicators*, 2017,81:159–170.

[85] Li X, Yu X, Wu K, et al. Land–use zoning management to protecting the regional key ecosystem services: A case study in the city belt along the Chaobai River, China[J]. *Science of the Total Environment*, 2021,762:143167.

[86] Liang J, Li S, Li X, et al. Trade–off analyses and optimization of water–related ecosystem services (WRESs) based on land use change in a typical agricultural watershed, southern China[J]. *Journal of Cleaner Production,* 2021,279:123851.

[87] Lin B, Chen X, Yao H. Threshold of sub–watersheds for SWAT to simulate hillslope sediment generation and its spatial variations[J]. *Ecological Indicators*, 2020,111:106040.

[88] Lindemann–Matthies P, Marty T. Does ecological gardening increase species richness and aesthetic quality of a garden?[J]. *Biological Conservation*, 2013,159:37–44.

[89] Little C, Lara A, Mcphee J, et al. Revealing the impact of forest exotic plantations on water yield in large scale watershed in South–Central Chile[J]. *Journal of Hydrology,* 2009,374(1):162–170.

[90] Liu J, Li M, Wu M, et al. Influences of the south–to–north water diversion project and virtual water flows on regional water resources considering both water quantity and quality[J]. *Journal of Cleaner Production*, 2020,244:118920.

[91] Liu J, Zhang L, Zhang Q, et al. Predicting the surface urban heat

island intensity of future urban green space development using a multi-scenario simulation[J]. *Sustainable Cities and Society*, 2021,66:102698.

[92] Liu W, Zhan J, Zhao F, et al. Impacts of urbanization-induced land-use changes on ecosystem services: A case study of the Pearl River Delta Metropolitan Region, China[J]. *Ecological Indicators*, 2019,98:228-238.

[93] Long D, Yang W, Scanlon B R, et al. South-to-North Water Diversion stabilizing Beijing's groundwater levels[J]. *Nature Communications*, 2020,11(1):3665.

[94] Lu N, Sun G, Feng X, et al. Water yield responses to climate change and variability across the North-South Transect of Eastern China (NSTEC)[J]. *Journal of Hydrology*, 2013,481:96-105.

[95] Marris E. 'Water scarcity' affects four billion people each year[N]. *Nature*, 2016-12-12.

[96] Martin-Ortega J, Ferrier R C, Gordon I J, et al. *Water ecosystem services: A global perspective*[M]. Cambridge: Cambridge University Press, 2015.

[97] Martz L W, Jurgen G. The treatment of flat areas and depressions in automated drainage analysis of raster digital elevation models[J]. *Hydrological Processes*, 1998,12(6):1-13.

[98] McGarigal K. Fragstats help[Z]. *Amherst*: 2015.

[99] Millennium Ecosystem Assessment. Ecosystems and human well-being: Synthesis [R]. *Washington, DC: Island Press*, 2005.

[100] Mireia G, Margarita T M, David M, et al. Mental health benefits of long-term exposure to residential green and blue spaces: A systematic review[J]. *International Journal of Environmental Research and Public Health*, 2015,12(4):4354-4379.

[101] Moriasi D N, Gitau M W, Pai N, et al. Hydrologic and water quality models: Performance measures and evaluation criteria[J]. *Transactions of the ASABE*, 2015,58(6):1783−1785.

[102] Naidoo R, Ricketts T H. Mapping the economic costs and benefits of conservation[J]. *Plos Biology*, 2006,4(11):2153−2164.

[103] Nelson E, Mendoza G, Regetz J, et al. Modeling multiple ecosystem services, biodiversity conservation, commodity production, and tradeoffs at landscape scales[J]. *Frontiers in Ecology and the Environment*, 2009,7(1):4−11.

[104] Nguyen H H, Recknagel F, Meyer W, et al. Comparison of the alternative models SOURCE and SWAT for predicting catchment streamflow, sediment and nutrient loads under the effect of land use changes[J]. *Science of the Total Environment*, 2019,662:254−265.

[105] Osei M A, Amekudzi L K, Wemegah D D, et al. The impact of climate and land−use changes on the hydrological processes of Owabi catchment from SWAT analysis[J]. *Journal of Hydrology: Regional Studies*, 2019,25:100620.

[106] Ouyang Y, Jin W, Grace J M, et al. Estimating impact of forest land on groundwater recharge in a humid subtropical watershed of the Lower Mississippi River Alluvial Valley[J]. *Journal of Hydrology: Regional Studies*, 2019,26:100631.

[107] Pearsall H, Eller J K. Locating the green space paradox: A study of gentrification and public green space accessibility in Philadelphia, Pennsylvania[J]. *Landscape and Urban Planning*, 2020,195:1−12.

[108] Pessacg N, Flaherty S, Brandizi L, et al. Getting water right: A case study in water yield modelling based on precipitation data[J]. *Science of the*

Total Environment, 2015,537:225−234.

[109] Polasky S, Nelson E, Pennington D, et al. The impact of land−use change on ecosystem services, biodiversity and returns to landowners: A case study in the State of Minnesota[J]. *Environmental and Resource Economics*, 2011,48(2):219−242.

[110] Qi W, Li H, Zhang Q, et al. Forest restoration efforts drive changes in land−use/land−cover and water−related ecosystem services in China's Han River basin[J]. *Ecological Engineering*, 2019,126:64−73.

[111] Qi Y, Lian X, Wang H, et al. Dynamic mechanism between human activities and ecosystem services: A case study of Qinghai lake watershed, China[J]. *Ecological Indicators*, 2020,117:106528.

[112] Rafaai N H, Abdullah S A, Hasan Reza M I. Identifying factors and predicting the future land−use change of protected area in the agricultural landscape of Malaysian peninsula for conservation planning[J]. *Remote Sensing Applications: Society and Environment*, 2020,18:100298.

[113] Rodriguez−Galiano V F, Chica−Olmo M, Abarca−Hernandez F, et al. Random Forest classification of Mediterranean land cover using multi−seasonal imagery and multi−seasonal texture[J]. *Remote Sensing of Environment*, 2012,121:93−107.

[114] Romulo C L, Posner S, Cousins S, et al. Global state and potential scope of investments in watershed services for large cities[J]. *Nature Communications*, 2018,9(1):1−10.

[115] Rupprecht C D D, Byrne J A. Informal urban greenspace: A typology and trilingual systematic review of its role for urban residents and trends in the literature[J]. *Urban Forestry and Urban Greening*, 2014,13(4):597−611.

[116] Sadeghi S H R, Moghadam E S, Darvishan A K. Effects of subsequent rainfall events on runoff and soil erosion components from small plots treated by vinasse[J]. *CATENA*, 2016,138:1–12.

[117] Sahin O, Stewart R A, Helfer F. Bridging the water supply–demand gap in Australia: Coupling water demand efficiency with rain–independent desalination supply[J]. *Water Resources Management*, 2015,29(2):253–272.

[118] Sahle M, Saito O, Fuest C, et al. Quantifying and mapping of water–related ecosystem services for enhancing the security of the food–water–energy nexus in tropical data–sparse catchment[J]. *Science of the Total Environment*, 2019,646:573–586.

[119] Samimi M, Mirchi A, Moriasi D, et al. Modeling arid/semi–arid irrigated agricultural watersheds with SWAT: Applications, challenges, and solution strategies[J]. *Journal of Hydrology*, 2020,590:125418.

[120] Sánchez–Canales M, López Benito A, Passuello A, et al. Sensitivity analysis of ecosystem service valuation in a Mediterranean watershed[J]. *Science of the Total Environment*, 2012,440:140–153.

[121] Savard J P L, Clergeau P, Mennechez G. Biodiversity concepts and urban ecosystems[J]. *Landscape and Urban Planning*, 2000,48(3–4):131–142.

[122] Schilling K E, Gassman P W, Arenas–Amado A, et al. Quantifying the contribution of tile drainage to basin–scale water yield using analytical and numerical models[J]. *Science of the Total Environment*, 2019,657:297–309.

[123] Schipperijn J, Ekholm O, Stigsdotter U K, et al. Factors influencing the use of green space: Results from a Danish national representative survey[J]. *Landscape and Urban Planning*, 2010,95(3):130–137.

[124] Schwarz N, Moretti M, Bugalho M N, et al. Understanding

biodiversity–ecosystem service relationships in urban areas: A comprehensive literature review[J]. *Ecosystem Services*, 2017,27:161–171.

[125] Serpa D, Nunes J P, Santos J, et al. Impacts of climate and land use changes on the hydrological and erosion processes of two contrasting Mediterranean catchments[J]. *Science of the Total Environment*, 2015,538:64–77.

[126] Shah A, Garg A, Mishra V. Quantifying the local cooling effects of urban green spaces: Evidence from Bengaluru, India[J]. *Landscape and Urban Planning*, 2021,209:104043.

[127] Sharifi A, Yen H, Boomer K M B, et al. Using multiple watershed models to assess the water quality impacts of alternate land development scenarios for a small community[J]. *CATENA*, 2017,150:87–99.

[128] Sikorska D, Łaszkiewicz E, Krauze K, et al. The role of informal green spaces in reducing inequalities in urban green space availability to children and seniors[J]. *Environmental Science and Policy*, 2020,108:144–154.

[129] Silveira L, Gamazo P, Alonso J, et al. Effects of afforestation on groundwater recharge and water budgets in the western region of Uruguay[J]. *Hydrological Processes*, 2016,30(20):3596–3608.

[130] Sirabahenda Z, St–Hilaire A, Courtenay S C, et al. Assessment of the effective width of riparian buffer strips to reduce suspended sediment in an agricultural landscape using ANFIS and SWAT models[J]. *CATENA*, 2020,195:104762.

[131] Sun S, Fu G, Bao C, et al. Identifying hydro–climatic and socioeconomic forces of water scarcity through structural decomposition analysis: A case study of Beijing city[J]. *Science of the Total Environment*,

2019,687:590−600.

[132] Susskind L. Climate change: Adaptation vs Mitigation[J]. *Nature*, 2009,478(7370):447−449.

[133] Swanwick C, Dunnett N, Woolley H. Nature, role and value of green space in towns and cities: An overview[J]. *Built Environment*, 2003,29(2):94−106.

[134] Tamm O, Maasikamäe S, Padari A, et al. Modelling the effects of land use and climate change on the water resources in the eastern Baltic Sea region using the SWAT model[J]. *CATENA*, 2018,167:78−89.

[135] Tan M L, Gassman P W, Yang X, et al. A review of SWAT applications, performance and future needs for simulation of hydro−climatic extremes[J]. *Advances in Water Resources*, 2020,143:103662.

[136] Tang F, Fu M, Wang L, et al. Land−use change in Changli County, China: Predicting its spatio−temporal evolution in habitat quality[J]. *Ecological Indicators*, 2020,117:106719.

[137] Tasdighi A, Arabi M, Harmel D. A probabilistic appraisal of rainfall−runoff modeling approaches within SWAT in mixed land use watersheds[J]. *Journal of Hydrology*, 2018,564:476−489.

[138] Tavernia B G, Reed J M. Spatial extent and habitat context influence the nature and strength of relationships between urbanization measures[J]. *Landscape and Urban Planning*, 2009,92(1):47−52.

[139] Taylor L, Hochuli D F. Defining greenspace: Multiple uses across multiple disciplines[J]. Landscape and Urban Planning, 2017,158:25−38.

[140] Thanh Noi P, Kappas M. Comparison of random forest, k−nearest neighbor, and support vector machine classifiers for land cover classification using sentinel−2 imaginery[J]. *Sensors*, 2018,18(2):1−20.

[141] Tian S, Zhang X, Tian J, et al. Random forest classification of wetland landcovers from multi–sensor data in the arid region of Xinjiang, China[J]. *Remote Sensing*, 2016,8(11):954.

[142] Tian Y, Yin K, Lu D, et al. Examining land use and land cover spatiotemporal change and driving forces in Beijing from 1978 to 2010[J]. *Remote Sensing*, 2014,6(11):10593–10611.

[143] United Nations. United Nations decade on ecosystem restoration (2021–2030), A/RES/73/284[R].2019.

[144] Valente R A, de Mello K, Metedieri J F, et al. A multicriteria evaluation approach to set forest restoration priorities based on water ecosystem services[J]. *Journal of Environmental Management*, 2021,285:112049.

[145] Vigerstol K L, Aukema J E. A comparison of tools for modeling freshwater ecosystem services[J]. *Journal of Environmental Management*, 2011,92(10):2403–2409.

[146] Vörösmarty C J, Mcintyre P, Gessner M, et al. Global threats to human water security and river biodiversity[J]. *Nature*, 2010,467(7315):555–561.

[147] Vörösmarty C J, Osuna V R, Cak A D, et al. Ecosystem-based water security and the Sustainable Development Goals (SDGs)[J]. *Ecohydrology and Hydrobiology*, 2018,18(4):317–333.

[148] Wang Q, Liu R, Men C, et al. Effects of dynamic land use inputs on improvement of SWAT model performance and uncertainty analysis of outputs[J]. *Journal of Hydrology*, 2018,563:874–886.

[149] Wu D, Zou C, Cao W, et al. Ecosystem services changes between 2000 and 2015 in the Loess Plateau, China: A response to ecological

restoration[J]. *PLOS ONE*, 2019,14(1):e209483.

[150] Yang K, Lu C. Evaluation of land-use change effects on runoff and soil erosion of a hilly basin-the Yanhe River in the Chinese Loess Plateau[J]. *Land Degradation and Development*, 2018,29(4):1211-1221.

[151] Yang S, Bai Y, Alatalo J M, et al. Spatio-temporal changes in water-related ecosystem services provision and trade-offs with food production[J]. Journal of Cleaner Production, 2021,286:125316.

[152] Yokohari M, Bolthouse J. Planning for the slow lane: The need to restore working greenspaces in maturing contexts[J]. *Landscape and Urban Planning*, 2011,100(4):421-424.

[153] Yoo C, Han D, Im J, et al. Comparison between convolutional neural networks and random forest for local climate zone classification in mega urban areas using Landsat images[J]. *ISPRS Journal of Photogrammetry and Remote Sensing*, 2019,157:155-170.

[154] Zepp H, Groß L, Inostroza L. And the winner is? Comparing urban green space provision and accessibility in eight European metropolitan areas using a spatially explicit approach[J]. *Urban Forestry and Urban Greening*, 2020,49:126603.

[155] Zhang H, Wang B, Liu D L, et al. Using an improved SWAT model to simulate hydrological responses to land use change: A case study of a catchment in tropical Australia[J]. *Journal of Hydrology*, 2020,585:124822.

[156] Zhang L, Cheng L, Chiew F, et al. Understanding the impacts of climate and landuse change on water yield[J]. *Current Opinion in Environmental Sustainability*, 2018,33:167-174.

[157] Zhang L, Dawes W R, Walker G R. Response of mean annual evapotranspiration to vegetation changes at catchment scale[J]. *Water*

Resources Research, 2001,37(3):701–708.

[158] Zhang X B, Ni Z B, Wang Y F, et al. Public perception and preferences of small urban green infrastructures: A case study in Guangzhou, China[J]. *Urban Forestry and Urban Greening*, 2020,53:1–10.

[159] Zijp M C, Huijbregts M A J, Schipper A M, et al. Identification and ranking of environmental threats with ecosystem vulnerability distributions[J]. *Scientific Reports*, 2017,7:9298.

[160] 白中科, 周伟, 王金满, 等. 试论国土空间整体保护、系统修复与综合治理 [J]. 中国土地科学, 2019,33(2):1–11.

[161] 北京市规划和国土资源管理委员会. 北京城市总体规划 (2016–2035 年)[EB/OL]. [2020–2–15]. http://www.beijing.gov.cn/gongkai/guihua/wngh/cqgh/201907/t20190701_100008.html.

[162] 北京市规划和自然资源委员会. 打造低碳生态城市，建设一个以人为本的绿色北京 [EB/OL]. [2020–2–21]. http://ghzrzyw.beijing.gov.cn/zhengwuxinxi/gzdt/sj/202001/t20200119_1617896.html.

[163] 北京市规划和自然资源委员会. 首都功能核心区控制性详细规划 (街区层面)(2018 年 –2035 年)[EB/OL]. [2020–2–21]. http://www.beijing.gov.cn/zhengce/zhengcefagui/202008/t20200828_1992592.html.

[164] 北京市人民政府. 北京城市总体规划 (1991 年 –2010 年)[Z]. 北京 : 1994: 2021.

[165] 北京市人民政府. 北京市人民政府关于发布北京市生态保护红线的通知, 京政发〔2018〕18 号 [R]. 北京 : 2018.

[166] 北京市人民政府. 北京市人民政府关于印发《北京市生态控制线和城市开发边界管理办法》的通知, 京政发〔2019〕7 号 [R]. 北京 : 2019.

[167] 北京市人民政府 . 北京城市总体规划 (2004 年 -2020 年)[Z]. 北京 : 2005: 2021.

[168] 北京市人民政府办公厅 . 北京市主体功能区规划 [EB/OL]. [2020-10-22]. http://www.beijing.gov.cn/gongkai/guihua/lswj/yw/201907/ t20190701_100164.html.

[169] 北京市水务局 . 北京市水资源公报 [Z]. 2018.

[170] 北京市水务局 . 2021 年北京市水务工作报告 [EB/OL]. [2020-4-25]. http://swj.beijing.gov.cn/zwgk/ghjhzj/202102/t20210205_2277831. html.

[171] 北京市统计局 . 北京市 2019 年国民经济和社会发展统计公报 [R].2020.

[172] 北京市统计局，国家统计局北京调查总队 . 北京统计年鉴 2019[Z]. 北京 : 中国统计出版社 , 2019.

[173] 北京市园林绿化局.《北京市"十三五"时期园林绿化发展规划》 实施情况中期评估报告 [EB/OL]. [2020-4-21]. http://yllhj.beijing.gov.cn/ zwgk/ghxx/gh/202012/t20201201_2154689.shtml.

[174] 蔡海生，陈艺，查东平，等 . 基于主导功能的国土空间生态修复分区的原理与方法 [J]. 农业工程学报 , 2020,36(15):261-270.

[175] 曹和平 . 北京水生态理想模式初探[M]. 北京: 北京大学出版社, 2016.

[176] 曹宇，王嘉怡，李国煜 . 国土空间生态修复：概念思辨与理论认知 [J]. 中国土地科学 , 2019,33(7):1-10.

[177] 车通，李成，罗云建 . 城市扩张过程中建设用地景观格局演变特征及其驱动力 [J]. 生态学报 , 2020,40(10):3283-3294.

[178] 陈楚，陈士银，马智宇 . 珠海市"三生"空间格局演变及其驱动因素研究 [J]. 安徽农学通报 , 2020,26(15):102-108.

[179] 陈传康, 孙秀萍. 北京自然条件的综合评价 [J]. 北京师范大学学报: 自然科学版, 1984(2):79-88.

[180] 陈美球, 洪土林. 国土空间生态修复内涵剖析 [J]. 中国土地, 2020(6):23-25.

[181] 陈钱钱, 舒晓波, 曾凡彬. 江西省三生空间结构时空格局的多尺度分析 [J]. 水土保持研究, 2020,27(4):385-391.

[182] 陈爽, 刘云霞, 彭立华. 城市生态空间演变规律及调控机制: 以南京市为例 [J]. 生态学报, 2008(05):2270-2278.

[183] 陈仙春, 赵俊三, 陈国平. 基于 "三生空间" 的滇中城市群土地利用空间结构多尺度分析 [J]. 水土保持研究, 2019,26(05):258-264.

[184] 陈瑜琦, 张智杰, 郭旭东, 等. 中国重点生态功能区生态用地时空格局变化研究 [J]. 中国土地科学, 2018,32(02):19-26.

[185] 成超男, 胡杨, 赵鸣. 城市绿色空间格局时空演变及其生态系统服务评价的研究进展与展望 [J]. 地理科学进展, 2020,39(10):1770-1782.

[186] 崔家兴, 顾江, 孙建伟, 等. 湖北省三生空间格局演化特征分析 [J]. 中国土地科学, 2018,32(8):67-73.

[187] 邓楚雄, 刘俊宇, 李忠武, 等. 近 20 年国内外生态系统服务研究回顾与解析 [J]. 生态环境学报, 2019,28(10):2119-2128.

[188] 邓红兵, 陈春娣, 刘昕, 等. 区域生态用地的概念及分类 [J]. 生态学报, 2009,29(03):1519-1524.

[189] 邓辉, 罗潇. 历史时期分布在北京平原上的泉水与湖泊 [J]. 地理科学, 2011,31(11):1355-1361.

[190] 邸琰茗, 黄炳彬, 叶芝菡, 等. 北运河生态健康快速评价研究 [J]. 北京水务, 2020(4):52-58.

[191] 董天, 肖洋, 张路, 等. 鄂尔多斯市生态系统格局和质量变化

及驱动力 [J]. 生态学报 , 2019,39(02):660-671.

[192] 杜秀娟 . 马克思主义生态哲学思想历史发展研究 [M]. 北京 : 北京师范大学出版社 , 2011.

[193] 傅伯杰 , 陈立顶 , 马克明 , 等 . 景观生态学原理及应用 [M]. 北京 : 科学出版社 , 2011.

[194] 龚诗涵 , 肖洋 , 郑华 , 等 . 中国生态系统水源涵养空间特征及其影响因素 [J]. 生态学报 , 2017,37(7):2455-2462.

[195] 龚亚男 , 韩书成 , 时晓标 , 等 . 广东省 "三生空间" 用地转型的时空演变及其生态环境效应 [J]. 水土保持研究 , 2020,27(03):203-209.

[196] 国土资源部 . 国土资源部关于印发《自然生态空间用途管制办法（试行）》的通知 [EB/OL]. [2020-7-22]. http://www.mnr.gov.cn/gk/tzgg/201704/t20170424_1992172.html.

[197] 国务院 . 中共中央、国务院关于建立国土空间规划体系并监督实施的若干意见 [EB/OL]. [2020-4-10]. http://www.gov.cn/zhengce/2019-05/23/content_5394187.htm.

[198] 国务院 . 中共中央、国务院关于加快推进生态文明建设的意见 [EB/OL]. [2020-4-13]. http://www.gov.cn/gongbao/content/2015/content_2864050.htm.

[199] 国务院办公厅 . 国务院办公厅关于加强城市内涝治理的实施意见 [EB/OL]. [2020-4-27]. http://www.gov.cn/zhengce/content/2021-04/25/content_5601954.htm.

[200] 国务院办公厅 . 国务院办公厅关于推进海绵城市建设的指导意见 [EB/OL]. [2020-4-28]. http://www.gov.cn/zhengce/content/2015-10/16/content_10228.htm.

[201] 国务院办公厅 . 国务院关于印发全国主体功能区规划的通知（国发〔2010〕46 号）[EB/OL]. [2020-10-23]. http://www.gov.cn/

zhengce/content/2011-06/08/content_1441.htm.

[202] 胡锦涛 . 坚定不移沿着中国特色社会主义道路前进 为全面建成小康社会而奋斗：在中国共产党第十八次全国代表大会上的报告 [EB/OL]. [2020-10-23]. http://cpc.people.com.cn/18/n/2012/1109/c350821-19529916.html.

[203] 胡胜，曹明明，邱海军，等 . CFSR 气象数据在流域水文模拟中的适用性评价：以灞河流域为例 [J]. 地理学报，2016,71(9):1571-1587.

[204] 环境保护部办公厅，国家发展和改革委员会办公厅 . 关于印发《生态保护红线划定指南》的通知，环办生态〔2017〕48 号 [R].2017.

[205] 黄硕，郭青海 . 城市景观格局演变的水环境效应研究综述 [J]. 生态学报，2014,34(12):3142-3150.

[206] 黄心怡，赵小敏，郭熙，等 . 基于生态系统服务功能和生态敏感性的自然生态空间管制分区研究 [J]. 生态学报，2020,40(03):1065-1076.

[207] 霍亚贞 . 北京自然地理 [M]. 北京：北京师范学院出版社，1989:4-81.

[208] 姜婧婧，杜鹏飞 . SWAT 模型流域划分方法在平原灌区的改进及应用 [J]. 清华大学学报：自然科学版，2019,59(10):866-872.

[209] 金贵，王占岐，姚小薇，等 . 国土空间分区的概念与方法探讨 [J]. 中国土地科学，2013,27(5):48-53.

[210] 孔令桥，王雅晴，郑华，等 . 流域生态空间与生态保护红线规划方法：以长江流域为例 [J]. 生态学报，2019,39(03):835-843.

[211] 孔令桥，张路，郑华，等 . 长江流域生态系统格局演变及驱动力 [J]. 生态学报，2018,38(03):741-749.

[212] 李波 . 水资源保护与生态建设战略研究：以北京市平谷区为例 [M]. 北京：北京师范大学出版社，2008.

[213] 李广东 , 方创琳 . 城市生态—生产—生活空间功能定量识别与分析 [J]. 地理学报 , 2016,71(1):49–65.

[214] 李国煜 , 曹宇 , 万伟华 . 自然生态空间用途管制分区划定研究 : 以平潭岛为例 [J]. 中国土地科学 , 2018,32(12):7–14.

[215] 李佳 , 南灵 . 耕地资源价值内涵及测算方法研究 : 以陕西省为例 [J]. 干旱区资源与环境 , 2010,24(9):10–15.

[216] 李睿倩 , 李永富 , 胡恒 . 生态系统服务对国土空间规划体系的理论与实践支撑 [J]. 地理学报 , 2020,75(11):2417–2430.

[217] 李硕 , 赖正清 , 王桥 , 等 . 基于 SWAT 模型的平原河网区水文过程分布式模拟 [J]. 农业工程学报 , 2013,29(06):106–112.

[218] 李晓青 , 刘旺彤 , 谢亚文 , 等 . 多规合一背景下村域三生空间划定与实证研究 [J]. 经济地理 , 2019,39(10):146–152.

[219] 李裕宏 . 京水沟沉 (四): 北京城郊水系历史变迁与反思 [J]. 北京规划建设 , 2007(4):111–115.

[220] 梁缘毅 , 吕爱锋 . 中国水资源安全风险评价 [J]. 资源科学 , 2019,41(04):775–789.

[221] 廖李红 , 戴文远 , 陈娟 , 等 . 平潭岛快速城市化进程中三生空间冲突分析 [J]. 资源科学 , 2017,39(10):1823–1833.

[222] 廖雨 , 冉丹阳 , 张丽芳 , 等 . 山地丘陵区林州市的国土空间格局与生境演变分析 [J]. 生态科学 , 2020,39(5):26–33.

[223] 林峰 , 陈兴伟 , 姚文艺 , 等 . 基于 SWAT 模型的森林分布不连续流域水源涵养量多时间尺度分析 [J]. 地理学报 , 2020,75(5):1065–1078.

[224] 林瑞峰 , 王建军 . 北运河流域水系综合治理面临的问题及建议 [J]. 环境与发展 , 2019,31(07):47–48.

[225] 刘春芳 , 王奕璇 , 何瑞东 , 等 . 基于居民行为的三生空间识别与优化分析框架 [J]. 自然资源学报 , 2019,34(10):2113–2122.

[226] 刘菲菲，武红利．发扬"三牛"精神 抓好疏整促和生态环境建设 推动首都高质量发展 [N]. 北京日报，2021-02-19.

[227] 刘继来，刘彦随，李裕瑞．中国"三生空间"分类评价与时空格局分析 [J]. 地理学报，2017,72(7):1290-1304.

[228] 刘顺鑫，黄云．"三生空间"视角下万州区景观生态安全评价及其耦合特征分析 [J]. 水土保持研究，2020,27(6):308-316.

[229] 刘宥延，刘兴元，张博，等．基于 InVEST 模型的黄土高原丘陵区水源涵养功能空间特征分析 [J]. 生态学报，2020,40(17):6161-6170.

[230] 刘泽娟，付春梅，周亮，等．北运河水旱灾害防御工作现状及建议 [J]. 中国防汛抗旱，2019,29(12):14-16.

[231] 刘增惠．马克思主义生态思想与实践研究 [M]. 北京：北京师范大学出版社，2010.

[232] 柳冬青，马学成，巩杰，等．流域"三生空间"功能识别及时空格局分析：以甘肃白龙江流域为例 [J]. 生态学杂志，2018,37(5):1490-1497.

[233] 吕乐婷，任甜甜，孙才志，等．1980-2016 年三江源国家公园水源供给及水源涵养功能时空变化研究 [J]. 生态学报，2020,40(3):993-1003.

[234] 马永明，张利华，张康，等．基于 SWAT 模型和多源 DEM 数据的流域水系提取精度分析 [J]. 地球信息科学学报，2019,21(10):1527-1537.

[235] 孟楠，韩宝龙，王海洋，等．澳门城市生态系统格局变化研究 [J]. 生态学报，2018,38(18):6442-6451.

[236] 欧阳威，黄浩波，张璇，等．基于 SWAT 模型的平原灌区水量平衡模拟研究 [J]. 灌溉排水学报，2015,34(01):17-22.

[237] 彭建，吕丹娜，董建权，等．过程耦合与空间集成：国土空间

生态修复的景观生态学认知 [J]. 自然资源学报 , 2020,35(1):3-13.

[238] 孙倩莹 , 高艳妮 , 张林波 , 等 . 基于土地利用的厦门市生态水文调节服务评估 [J]. 环境科学研究 , 2019,32(1):66-73.

[239] 谭跃进 , 陈英武 , 罗鹏程 , 等 . 系统工程原理 [M]. 北京 : 科学出版社 , 2010.

[240] 王保盛 , 陈华香 , 董政 , 等 . 2030 年闽三角城市群土地利用变化对生态系统水源涵养服务的影响 [J]. 生态学报 , 2020,40(2):484-498.

[241] 王成 , 唐宁 . 重庆市乡村三生空间功能耦合协调的时空特征与格局演化 [J]. 地理研究 , 2018,37(06):1100-1114.

[242] 王甫园 , 王开泳 , 陈田 , 等 . 城市生态空间研究进展与展望 [J]. 地理科学进展 , 2017,36(02):207-218.

[243] 王军 , 钟莉娜 . 生态系统服务理论与山水林田湖草生态保护修复的应用 [J]. 生态学报 , 2019,39(23):8702-8708.

[244] 王如松 , 李锋 , 韩宝龙 , 等 . 城市复合生态及生态空间管理 [J]. 生态学报 , 2014,34(1):1-11.

[245] 王如松 , 周启星 , 胡聃 . 城市生态调控方法 [M]. 北京 : 气象出版社 , 2000.

[246] 王文静 , 韩宝龙 , 郑华 , 等 . 粤港澳大湾区生态系统格局变化与模拟 [J]. 生态学报 , 2020,40(10):3364-3374.

[247] 王圆圆 , 李京 . 遥感影像土地利用 / 覆盖分类方法研究综述 [J]. 遥感信息 , 2004(1):53-59.

[248] 王志芳 , 程可欣 . 北运河流域雨洪 "源—汇" 景观时空演变 [J]. 生态学报 , 2019,39(16):5922-5931.

[249] 王众托 . 系统工程 [M]. 北京 : 北京大学出版社 , 2010.

[250] 邬建国 . 景观生态学 : 格局 , 过程 , 尺度与等级 [M]. 北京 : 高等教育出版社 , 2007.

[251] 吴军, 刘玮芳. 基于生态系统服务的北京历史水系问题改善研究 [J]. 生态经济, 2017,33(10):199–204.

[252] 吴敏, 温小虎, 冯起, 等. 基于随机森林模型的干旱绿洲区张掖盆地地下水水质评价 [J]. 中国沙漠, 2018,38(3):657–663.

[253] 吴清, 冯嘉晓, 陈刚, 等. 山岳型乡村旅游地"三生"空间演变及优化: 德庆金林水乡的案例实证 [J]. 生态学报, 2020,40(16):5560–5570.

[254] 吴文佳, 高斯瑶, 吴殿廷. 北京市城市化水平演变进程的综合测度 [J]. 经济研究导刊, 2013(22):220–223.

[255] 武爱彬. 京津冀区域"三生空间"分类评价与格局演变 [J]. 中国农业资源与区划, 2019,40(11):237–242.

[256] 习近平. 决胜全面建成小康社会 夺取新时代中国特色社会主义伟大胜利: 在中国共产党第十九次全国代表大会上的报告 [EB/OL]. [2020–4–15]. http://www.gov.cn/zhuanti/2017–10/27/content_5234876.htm.

[257] 夏瑞, 张远, 杨辰, 等. 基于分布式水文模型的武夷山市水文调节服务评估 [J]. 环境科学研究, 2019,32(6):1033–1042.

[258] 肖笃宁, 布仁仓, 李秀珍. 生态空间理论与景观异质性 [J]. 生态学报, 1997(5):3–11.

[259] 肖笃宁, 李秀珍, 高峻, 等 景观生态学 [M]. 2. 北京: 科学出版社, 2010.

[260] 谢花林, 姚干, 何亚芬, 等. 基于 GIS 的关键性生态空间辨识: 以鄱阳湖生态经济区为例 [J]. 生态学报, 2018,38(16):5926–5937.

[261] 徐毅, 彭震伟. 1980–2010 年上海城市生态空间演进及动力机制研究 [J]. 城市发展研究, 2016,11(23):1–10, 59.

[262] 徐宗学, 张玲, 阮本清. 北京地区降水量时空分布规律分析 [J].

干旱区地理 , 2006,29(2):186–192.

[263] 许尔琪 , 张红旗 . 中国核心生态空间的现状、变化及其保护研究 [J]. 资源科学 , 2015,37(7):1322–1331.

[264] 杨浩 , 卢新海 . 基于 "三生空间" 演化模拟的村庄类型识别研究: 以湖南省常宁市为例 [J]. 中国土地科学 , 2020,34(06):18–27.

[265] 杨金明 . 基于分布式水文模型的森林水源涵养功能评价: 以新林流域为例 [D]. 东北林业大学 , 2014.

[266] 姚娜 , 马履一 , 杨军 , 等 . 北京市平原地区 1992–2013 年生态空间演变 [J]. 生态学杂志 , 2015,34(05):1427–1434.

[267] 于淑秋 . 北京地区降水年际变化及其城市效应的研究 [J]. 自然科学进展 , 2007,17(5):632–638.

[268] 于正松 , 程叶青 , 李小建 , 等 . 工业镇 "生产—生活—生态" 空间演化过程、动因与重构: 以河南省曲沟镇为例 [J]. 地理科学 , 2020,40(04):646–656.

[269] 俞孔坚 , 王思思 , 李迪华 , 等 . 北京城市扩张的生态底线: 基本生态系统服务及其安全格局 [J]. 城市规划 , 2010,34(2):19–24.

[270] 张彪 , 李文华 , 谢高地 , 等 . 北京市森林生态系统的水源涵养功能 [J]. 生态学报 , 2008(11):5619–5624.

[271] 张建军 , 郭义强 , 饶永恒 , 等 . 论国土空间生态修复的哲学思想 [J]. 中国土地科学 , 2020,34(5):27–32.

[272] 张景秋 . 北京城市发展历史的空间特征分析 [J]. 北京联合大学学报: 自然科学版 , 2001,15(1):18–21.

[273] 张亮 , 岳文泽 . 城市生态空间多元综合识别研究: 以杭州市为例 [J]. 生态学报 , 2019,17(39):6460–6468.

[274] 张远景 , 俞滨洋 . 城市生态网络空间评价及其格局优化 [J]. 生态学报 , 2016,36(21):6969–6984.

[275] 赵景柱 . 景观生态空间格局动态度量指标体系 [J]. 生态学报 , 1990(2):182-186.

[276] 赵景柱 , 肖寒 , 吴刚 . 生态系统服务的物质量与价值量评价方法的比较分析 [J]. 应用生态学报 , 2000,11(2):290-292.

[277] 郑新奇 , 付梅臣 . 景观格局空间分析技术及其应用 [M]. 北京 : 科学出版社 , 2010.

[278] 中共北京市委 . 中共北京市委关于制定北京市国民经济和社会发展第十四个五年规划和二〇三五年远景目标的建议 [EB/OL]. [2020-4-25]. http://www.beijing.gov.cn/zhengce/zhengcefagui/202012/t20201207_2157969.html.

[279] 中共北京市委生态文明建设委员会 . 中共北京市委生态文明建设委员会关于印发《北京市节水行动实施方案》的通知 [EB/OL]. [2020-4-25]. http://swj.beijing.gov.cn/zwgk/zcfg/zxzc/202011/t20201102_2126788.html.

[280] 中华人民共和国国家质量监督检验检疫总局 , 中国国家标准化管理委员会 . GB/T 21010-2017 土地利用现状分类 [S]. 北京 : 中国标准出版社 , 2017.

[281] 周佳雯 , 高吉喜 , 高志球 , 等 . 森林生态系统水源涵养服务功能解析 [J]. 生态学报 , 2018,38(5):1679-1686.

[282] 周伟奇 , 韩立建 . 京津冀区域城市化过程及其生态环境效应 [M]. 北京 : 科学出版社 , 2017.

[283] 周忠学 . 城市化对生态系统服务功能的影响机制探讨与实证研究 [J]. 水土保持研究 , 2011,18(5):32-38.

[284] 邹巧玉 , 刘平辉 . 抚州市耕地生态价值评估及时空变化特征分析 [J]. 安徽农业科学 , 2020,48(11):71-76.